Josander Schück

**TS Hanseatic**

Original und Modell der „Schönen Hamburgerin“

# TS Hanseatic

## Original und Modell
## der „Schönen Hamburgerin“

**Josander Schück**

Verlag für Technik und Handwerk neue Medien GmbH
Baden-Baden

vth-Fachbuch
Best.-Nr.: 310 2224

Redaktion: Oliver Bothmann

**Bibliografische Information der Deutschen Nationalbibliothek**
Die Deutsche Nationalbibliothek verzeichnet diese Publikation in der Deutschen Nationalbibliografie; detaillierte bibliografische Daten sind im Internet über http://dnb.d-nb.de abrufbar.

ISBN 978-3-88180-439-4

Postfach 22 74, 76492 Baden-Baden



Printed in Germany
Druck: Griebsch & Rochol Druck GmbH, Hamm

# Inhaltsverzeichnis

# Über den Autor

Josander Schück wurde am 6.11.1958 in München geboren. Aufgewachsen in Karlsruhe studierte er später Musik. Schon als Jugendlicher begeisterte ihn der Schiffsmodellbau und die Liebe zu den Schiffen hat ihn bis heute nicht losgelassen. Maritime Vorträge und Schiffsfotografie gehören ebenso dazu, wie die zahlreichen Besuche seiner Lieblingsstadt Hamburg. Beim Bau des Modells der TS *Hanseatic* entwickelt sich eine elektrisierende Faszination und Begeisterung. Im Oktober 2011 nahm er am großen Jahrestreffen des Club TS *Hamburg* teil. Hier treffen sich im Logenhaus in Hamburg ehemalige Besatzungsmitglieder dieser Schiffe. Kontakte werden geknüpft, viele Gespräche geführt, und es entwickelt sich eine besondere Freundschaft zu der Seefrau Heidi Jorek. Bei Sichtung ihres einmaligen Tagebuches und des Bildmaterials ihrer Reisen mit der Hanseatic war der Entschluss gefasst: dieses außergewöhnliche Schiff und seine Besatzung darf nicht in Vergessenheit geraten und muss unbedingt in Form dieses Buches gewürdigt werden – und auch die Modellbauer sollen motiviert werden, den Bau eines Passagierschiffes zu wagen.

# Die TS *Hanseatic* und ihre Nachfolgerinnen

1928 beginnt die Geschichte dieses fantastischen Schiffes. Die Reederei Canadian-Pacific-Railway erteilt den Bauauftrag an die Werft Fairfield Shipbuilding in Glasgow Schottland. Auf Kiel gelegt wird das größte, schnellste und schönste Passagierschiff, für den Liniendienst im Pazifik von Vancouver nach Yokohama. Die Ablieferung der *Empress of Japan* (Kaiserin von Japan) erfolgte am 8.6.1930 an die Canadian Pacific Steamships London. Die Jungfernreise fand am 14.6.1930 statt, und führte von Liverpool über Quebec nach Southampton. Es folgte am 12.7.1930 die Überführungsreise von Southampton-Suez-Hongkong nach Vancouver. Die erste Reise im Transpazifikdienst, von Vancouver nach Yokohama am 7.8.1930 in acht Tagen und knapp 6,5 Stunden, reichte aus für den Trans Pacific Steam Record, das *Blaue Band* des Pazifiks.

Technische Neuerungen sind die Hochdruck Dampfturbinentechnik, welche die Doppelschrauben (damals die weltgrößten) mit jeweils 35 Tonnen Gewicht in Drehung versetzen, und das Schiff mit 30.000 PS über 21 Knoten schnell den Ozean durchqueren lassen. Die absoluten Highlights der Konstruktion des Schiffes sind seine drei Schornsteine sowie die luxuriöse Inneneinrichtung.

Nach Ausbruch des 2. Weltkrieges wird die *Empress of Japan* mit einem Tarnanstrich versehen und bewaffnet. Truppen und Güter werden transportiert, Flieger- und Bombenangriffe übersteht das Schiff zum Glück ohne größere Schäden. 1942 erfolgt die Umbenennung in *Empress of Scotland*, denn Japan ist inzwischen Kriegsgegner!

Technische Daten Canadian Pacific Liner
***Empress of Japan*** *(1930-1942)*
***Empress of Scotland*** *(1942-1958)*
*Scotland* (1958 nach Verkauf)

| | |
|---|---|
| Baujahr 1928 | Fairfield Shipbuilding Glasgow, Schottland<br>Fairfield Bau-Nr.634 |
| Vermessung | 26.300 BRT |
| Länge | 666 feet = 203 m |
| Breite | 83 feet = 25,55 m |
| Maschine | sechs Parsons-Dampfturbinen mit max. 30.000 WPS auf zwei Schrauben mit je 35 t Gewicht |
| Geschwindigkeit | 21 kn – 38,9 km/h |
| Passagierkapazität: | 1. Klasse 399 Passagiere<br>2. Klasse 164 Passagiere<br>3. Klasse 100 Passagiere<br>510 Passagiere in Schlafsälen |

1948 endet der Kriegseinsatz nach vielen gefahrenen Seemeilen. Es erfolgen Renovierung, und Umbauarbeiten, bis 1950 wieder der Liniendienst Liverpool-Quebec und Kreuzfahrten

Canadian Pacific Liner Empress of Scotland, 26,300 tons.

**Die *Empress of Scotland* auf einer zeitgenössischen Postkarte**

stattfinden. 1951, im Rahmen eines Staatsbesuchs in Kanada, war sogar eine königliche Hoheit Gast auf dem Schiff: Kronprinzessin Elisabeth nebst Gatten dem Herzog von Edinburgh.

Im Januar 1958 erfolgte dann der Verkauf der betagten Lady an die Hamburg Atlantic Linie, gegründet von dem seit 1952 in Hamburg lebenden Dänen Axel Bitsch Christensen. Finanziell unterstützt wird er von seinem Freund und Chef dem Griechen Nicos Vernicos Eugenides, welcher als Reeder die Home Lines besitzt und einer Bürgschaft der Stadt Hamburg. Der Kaufpreis beträgt damals 12 Millionen DM. Für die Überführungsfahrt erfolgte die nochmalige Umbenennung in *Scotland* – eine Hoheit wollten die Engländer nicht nach Deutschland verkaufen. Bei Ankunft, und Augenscheinnahme sollen die Hamburger das Schiff „Empress of Schrottland" genannt haben …

Ein sofortiger Um- und Ausbau bei den Howaldtswerken beginnt. Bis zu 2.000 Werftarbeiter sind mit den Arbeiten beschäftigt. Zu den Arbeiten gehören unter anderem Arbeiten an den Unterkünften für die Passagiere, den Gesellschaftsräumen, den Bars und den Decks sowie eine Vollklimatisierung. Zwei Schornsteine reichen nun auch, als Ersatz für den Dritten baut man einen zweiten Pool im Sonnendeck. Aufbauten, eine neue Kommandobrücke, und 22 Rettungsboote werden alle aus dem Leichtmetall Aluminium gefertigt, 200 Tonnen davon werden verbaut. Der steile Vorder-Steven wird durch einen schnittigen geschwungenen ersetzt. Die Sicherheitseinrichtungen werden auf den neusten Stand gebracht. Die feuerroten Schornsteine, 5 und 11 Tonnen schwer, sind mit einem schneeweißen, sechszackigen Kreuz als Erkennungszeichen der Hamburg Amerika Linie versehen worden.

Abgeleitet ist dies wohl vom Malteser- oder Johanniterkreuz, dem Wappenzeichen des Malteserordens seit der zweiten Hälfte des 16. Jahrhunderts. Dies ist ein geistlicher Ritterorden, mit der vollständigen Bezeichnung: „Souveräner Ritter und Hospitalorden vom Heiligen Johannes zu Jerusalem, genannt von Rhodos

**Das abgewandelte Malteserkreuz mit sechs Zacken wurde das Symbol der *Hanseatic* (Illustration aus dem Bordprogramm von Katja Hassler)**

und von Malta". Die acht Enden des Kreuzes symbolisieren das achtfache Elend: Krankheit – Verlassenheit – Heimatlosigkeit – Lieblosigkeit – Hunger – Schuld – Unglaube – Gleichgültigkeit, dessen Bekämpfung sich der Orden verschrieben hat. Nach anderen Quellen steht jede der acht Spitzen für eine der acht Seligpreisungen der Bergpredigt (Matth.5, 3–10). Noch eine Interpretation erklärt die Spitzen als die acht ritterlichen Tugenden: Aufmerksamkeit – Takt – Hilfsbereitschaft – Geschicklichkeit – Mitleid – Ausdauer – Unterscheidungsvermögen – Eindeutigkeit oder auch die acht Zungen=Landsmannschaften des Ordens: Provence – Auvergne – Frankreich – Aragon – Italien – Deutschland – England – Kastilien. Nach diesem Abstecher schnell wieder zurück zu unserer *Hanseatic*.

Nach nur sechs Monaten Umbauphase findet am 20. Juli 1958 die feierliche Übergabe des neuen deutschen Vorzeigeschiffes *Hanseatic* statt, auch genannt „Das Schiff der guten

**Die *Hanseatic* auf ihrer ersten Fahrt vom Elbufer aus gesehen am 20. Juli 1958**

Laune“ oder „Die Schöne Hamburgerin“. Nach bestandener Probefahrt beginnt am 20. Juli 1958 die Jungfernreise Richtung Cuxhaven. Das erste Kommando übernimmt der sehr beliebte ehemalige Hapag-Kapitän Paul Thormöhlen, der 1951 die *Homeland* und 1952 die *Italia* sicher führte. Über Le Havre, Southampton, Cobh/Irland erreicht die *Hanseatic* New York und macht am Pier 97 im Hudson River fest. Ein Jahr lang ist Sie das größte und schnellste Passagierschiff Deutschlands. „Konkurrenz“ machen ihr die *Bremen* vom Norddeutschen Lloyd und auch der boomende Luftverkehr, welcher 1963 zum Partner bei den Kreuzfahrten wird. Dieser Reisestil – eine Strecke Schiff, eine Flugzeug – welcher heute auch üblich ist, wurde damals von dem Reeder Bitsch Christensen bei den Kreuzfahrten eingeführt.

| Technische Daten des ***TS Hanseatic*** | |
|---|---|
| Vermessung | 30.030 BRT nach Umbau |
| Länge | 205 m |
| Breite | 25,50 m |
| Höhe | 13,80 m |
| Tiefgang | 9 m |
| Maschinenleistung | 31.400 PS |
| Dienstgeschwindigkeit | 21 Knoten |
| Rufzeichen | DABR |
| Besatzung | 480-540 |
| Passagiere | 1.255, davon 85 in der 1. Klasse |
| Hauptkesseldampf | 20,4 t/h 30 atü |
| Hilfskessel | 9 t/h 14 atü 13 Klimastationen mit 33 Klimageräten Typ Weathermaker |

**Die Brandkatastrophe**

Am 7. September 1966 liegt die *Hanseatic* am Pier 84, gegenüber die berühmte *United States* und die *Queen Mary*. Gegen 7:30 Uhr entzündet sich tief unten im Bauch des Schiffs Dieselkraftstoff am Hilfsdiesel Nr.4. Ein altes, leider noch nicht ausgetauschtes Kupferrohr war gebrochen. Der Treibstoff entzündet sich, und so nimmt das Unheil seinen Lauf. Es gelingt nicht, den Brand einzudämmen. Selbst die zu Hilfe eilenden 250 New Yorker Feuerwehrmänner und Löschboote konnten vorerst gegen den Brandherd nichts ausrichten. Das Schiff ist in dichten Qualm gehüllt. Nach neun Stunden, und größter Anstrengungen, ist die Feuersbrunst endlich gelöscht. Glücklicherweise ist kein Menschenleben zu beklagen, aber im Schiff sieht es schlimm aus. Was wäre wohl gewesen, wenn der Brand mitten im Atlantik ausgebrochen wäre – nicht auszudenken!

Der Reeder Axel Bitsch Christensen fliegt sofort nach New York zu seinem Schiff und gibt die Hoffnung nicht auf. Am 22. September 1966 lässt er die *Hanseatic* von den Schleppern *Atlantic* und *Pacific* der Bugsier Reederei über den Ozean nach Hamburg schleppen. Orkan und schweres Wetter lassen eine Schlepptrosse brechen, aber trotz aller Widrigkeiten erreicht der Schleppzug am 10. Oktober 1966 den Hamburger Hafen. 12 Millionen DM wären nötig die Hanseatic wieder herzurichten. Das ist zuviel, das Ende ist leider besiegelt. Nach Ausschlachtung, und Versteigerung des Inventars, wird das stolze Schiff in Hamburg von der Eisen und Metall AG verschrottet. Bei europäischen Kreuzfahrten, Nordatlantikrundreisen, Westindienrundfahrten, Charter Reisen und im Nordatlantik-Linienverkehr wurden insgesamt 182.262 Passagiere befördert.

Die Reederei und Christensen hatten nun kein Schiff mehr. Doch schon im September, mithilfe einer Bürgschaft des hamburgischen Senats, wurde einem Neubau zugestimmt. Überlegungen dazu wurden schon vor dem Ende der *Hanseatic* gemacht. Stapellauf des neuen, *Hamburg* getauften Schiffes, war 1968 bei den Howaldtswerken Deutsche Werft AG. Ende März 1969 fand die Jungfernfahrt des Schiffes statt.

Vorher konnte allerdings mit Finanzhilfe ehemaliger *Hanseatic*-Passagiere 1967 die isra-

**Die zweite *Hanseatic*, die ehemalige israelische *Shalom*, auf einer zeitgenössischen Postkarte**

elische *Shalom* gekauft werden. Die Reederei heißt nun Deutsche Atlantik Linie (DAL). Im November wurde sie unter dem Namen *Hanseatic* als Ersatz für das ausgebrannte Schiff in Dienst gestellt. Doch der Reederei geht es nicht gut. Der Dollar ist nicht mehr wert, was er war, die Deutsche Mark aufgewertet, die Treibstoffkosten und Gehälter sind enorm gestiegen. Die zweite *Hanseatic* muss veräußert werden.

Erst 2001 nach vielen Namenswechseln kommt ihr Ende. Auf dem Weg zur Abwrackwerft vor der südafrikanischen Küste richtet sie den Bug gen Meeresboden und dient heute in 5.000 Metern Tiefe den dortigen Bewohnern als neue Heimat.

Technische Daten ***Hanseatic (II)***

| | |
|---|---|
| Baujahr | 1962 als *Shalom* für Zim Israel Navigation in Haifa |
| Vermessung | 25.338 BRT |
| Länge | 191 m |
| Breite | 24,80 m |
| Höhe | 13,30 m |
| Tiefgang | 8 m |
| Geschwindigkeit | 20 bis max. 22,7 Knoten |
| Passagiere | 650 |
| Crew | 400 |

1967 an die Deutsche Atlantik Linie verkauft

**Die heutige dritte *Hanseatic* der Reederei Hapag-Lloyd (Foto: Hapag-Lloyd)**

Die Schulden der Deutschen Atlantik Linie sind 1973 inzwischen auf 50-70 Millionen DM angestiegen. Auch die *Hamburg* wird in *Hanseatic* umbenannt und soll verkauft werden, um die Schulden der Reederei zu begleichen. Im Dezember 1973 wird die DAL aufgelöst. Die sowjetische Staatsreederei bekommt den Zuschlag für die *Hanseatic*, diese wird in *Maxim Gorki* umbenannt. Als Charterschiff fährt sie 1988 nach Modernisierung für Phönix Reisen Bonn bis zum 30. November 2008. Ein Verkauf kommt nicht mehr zustande, am 25. Februar 2009 wird sie am Strand von Alang in Indien aufgesetzt, und nach 5 Monaten ist mit Hilfe von Schneidbrennern nichts mehr von ihr übrig.

Soweit hätte es eigentlich nicht kommen sollen. Das Schiff war in sehr gutem Zustand. Viele ehemalige Crewmitglieder, so auch vom *Club der ehemaligen Köche TS Hamburg*, und viele Hamburger Bürger haben sich vehement dafür eingesetzt, dieses traditionsreiche Schiff zu erhalten. Als Museumschiff, Hotel mit Gastronomie, für Events usw. wäre dies ein fantastischer Ort sowohl für Touristen als auch für die Einheimischen geworden. Leider haben hier die Stadt Hamburg, die Medien und die Politik auf ganzer Linie versagt. Ein Denkmal der deutschen Schiffsbaukunst, Kreuzfahrttradition und zur Geschichte (das Gipfel-Treffen Bush-Gorbatschow vor Malta auf dem Schiff) ist für immer verloren.

Seit 1993 existiert eine vierte *Hanseatic*, die seit 1996 von Hapag-Lloyd-Kreuzfahrten bereedert wird. Der als 5-Sterne-Schiff ausgezeichnete und recht kleine Kreuzfahrer wird vor allem für außergewöhnliche Reisen, beispielsweise in die Arktis und Antarktis aber auch in den Amazonas eingesetzt. So fährt auch heute immer noch ein deutsches Passagierschiff unter dem Traditionsnamen *Hanseatic*.

| | |
|---|---|
| Technische Daten der aktuelle ***Hanseatic*** der Reederei Hapag-Lloyd | |
| Indienststellung | 1993 |
| Rufzeichen | C6KA9 |
| Vermessung | 8.378 BRZ |
| Werft | Rauma Repola, Finnland |
| Länge | 122,80 m |
| Breite | 18 m |
| Tiefgang | 4,91 m |
| Antrieb | zwei MAK-Diesel Typ 8M 435C |
| Gesamtleistung | zweimal 2.940 kW = 4.000 PS |
| Geschwindigkeit | 16 Knoten |
| Eisklasse | E 4, die höchste für Passagierschiffe |
| Passagierdecks | 6 |
| Passagiere | 184 |
| Crew | 125 |
| Kategorie | 5 Sterne |
| Als Expeditionsschiff mit 14 Zodiacs (motorisierte Schlauchboote) ausgerüstet | |

**Ein Stockwerk höher kann man im Steubenhöft gute Fischgerichte essen, und den Blick auf die Elbe und einen der Ladekräne am ehemaligen Liegeplatz der *Hanseatic* genießen**

**Erinnerungen an die erste *Hanseatic***

Auch heute, nach 45 Jahren, kann man an der Elbe, in Cuxhaven und in Hamburg noch auf viele Spuren dieses schönen deutschen Schiffes stoßen. Hier so einige Beispiele, darunter Originalteile der *Hanseatic*.

**In Cuxhaven, im ehemaligen Abfertigungsgebäude am Pier Steubenhöft, steht ein zeitgenössisches 4-m-Modell der *Hanseatic***

▲ Bei Twielenfleth an der Niederelbe, im Kiosk am Anleger, stößt man auch auf die ***Hanseatic***.
Kein Meisterwerk, doch naive Malerei lässt das Schiff erkennen ▼

▲ Im Internationalen Maritimen Museum Hamburg findet sich neben einigen Miniaturmodellen der ***Hanse-atic*** auch eine nachgebaute Passagierkabine des Schiffes ▼

Miniaturmodelle der Hanseatic in den Vitrinen des Museums

MISTRAL

Im Restaurant von Galeria Kaufhof in Hamburg steht ein Modell der ***Hanseatic*** im Maßstab 1:100 in einer Vitrine. Leider ist der Rumpf längs komplett gerissen

Ein Original-Bullauge der ***Hanseatic***

◂ Besteckteile der ***Hanseatic***

Bierdeckel, wie sie auf dem Schiff verwendet wurden

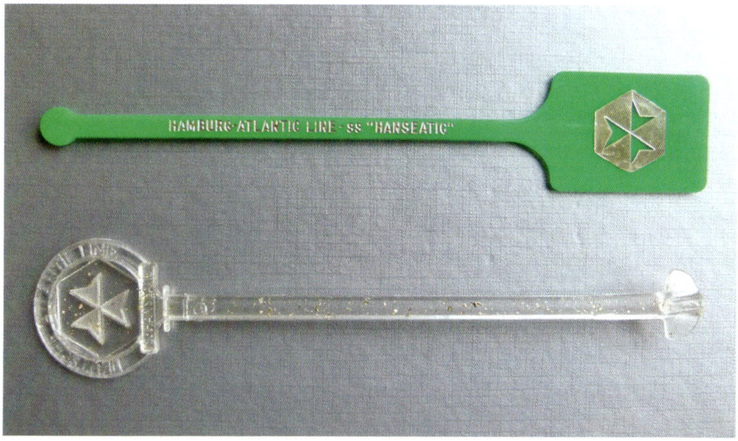


Cocktailrührer aus Kunststoff

Auf diesem Bild sind hinten Eierbecher von Bord der ***Hanseatic*** zu sehen. Das kleinere Teil wird für deutsche Frühstückseier nach oben gestellt, amerikanisches Rührei kann darin serviert werden, wenn das große Teil nach oben gerichtet wird

Schnapsglas von der ***Hanseatic***

***Hanseatic***-Whiskeyglas

Dieser Deckliegestuhl der ***Hanseatic*** stammt aus dem Nachlass des ehemaligen Fernsehmoderators Carlheinz Hollmann aus Hamburg. Er war zeitweise künstlerischer Leiter an Bord der ***Hanseatic***

**Tagebuch von Heidi Jorek**

Heidi Jorek war von 1960 bis 1963 Friseurin auf der *Hanseatic*. Im Folgenden beschreibt sie in ihrem Tagebuch Erlebnisse aus ihrer Bordzeit – ein einmaliges Dokument dieses deutschen Traumschiffs und des Crewalltags auf einem Kreuzfahrer Anfang der 1960er Jahre! Der Originaltext wurde um die Authentizität zu erhalten nur leicht überarbeitet.

**Sonnabend 6.2.1960**
**New York Hafenzeit**

Morgens gearbeitet, habe unseren Männern die Haare geschnitten. Um 14:30 Uhr von Bord bis zum Broadway gelaufen, allein, einen weißen Faltenrock gekauft. Zum Abendbrot wieder an Bord gewesen. Party 800 Besucher. Bei einem Drink zusammen mit Günter und Gerhard.

Postkarte Sun Way Caribean Cruise

Die Crew des Friseur-Salons. Zweite von links Heidi Jorek

**Sonntag 7.2.1960**
Heute Nacht nur 4,5 Stunden geschlafen, kein Frühstück mehr bekommen, habe mir in der Küche zwei Spiegeleier organisiert. Schon heute früh um 9 Uhr über 1.000 Besucher an Bord, habe heute einen ganzen freien Tag. Um 15:30 Uhr Kaffee und Kuchen organisiert. Um 19:30 Uhr mit Jochen getroffen, wo ich mir meine Spiegeleier organisiere. Ein wenig durch die Stadt geschlendert, um 21 Uhr ins Radio-City. Die Show mit den Girls war Spitze. An Bord um 0:45 Uhr.

**Dienstag 16.2.1960**
**Cristobal, Panama**
Um 7:30 Uhr an der Pier, die Passagiere gingen schon um 8 Uhr von Bord, mit dem Zug nach Panama. Ich bin um 12 Uhr von Bord bis um 15 Uhr, habe mir einen Alligator und zwei Köpfe gekauft. Sehr heiß. Abends nochmals an Land, um 21 Uhr mussten wir wieder an Bord sein. Noch die Abfahrt um 23 Uhr mitgesehen, bei sehr schöner Musik an Deck.

**Mittwoch 17.2.1960**
**Seetag**
Sehr viel zu tun, habe heute 10 $ Tipp erhalten. Mannschaftsabend von 18 bis 22 Uhr. Ruhige See, gut geschlafen.

**Sonnabend 20.2.1960**
**Auf See**
Sehr viel Arbeit im Salon, Maskerade für unsere Passagiere, wir hatten dafür alle Kostüme, Männlein und Weiblein geschminkt bis 22:30 Uhr. Günter kam auf einen Drink vorbei.

**Sonntag 21.2.1960**
**Auf See**
Noch warmes Wetter.

**Montag 22.2.1960**
**Auf See**
Sturm, kalt, morgen sind wir in New York.

Karte der von der ***Hanseatic*** unter anderem bei den Westindienreisen angelaufenen Häfen ▼

**Dienstag 23.2.1960**
**New York**
Die erste Westindienreise ist zu Ende. Für mich ein wunderbares Erlebnis, mein Traum ging in Erfüllung. Um 8 Uhr an der Pier, wir hatten 627 Passagiere. Alle waren begeistert von unserem Schiff, bis auf drei Paare, denen man nichts recht machen konnte. Ab 13 Uhr hatten wir frei, wir machten uns einen gemütlichen Nachmittag. Abends gingen wir Tanzen ins deutsche Viertel, Loreley, es war sehr nett.

**Mittwoch 24.2.1960**
Von 8 bis 13 Uhr gearbeitet. Nachmittags eine kleine Party mit acht Personen, dann noch für eine Stunde ins Loreley, früh schlafengegangen, und doch die Zeit verschlafen.

Issued November 18, 1959

## REVISED Itineraries of 1960 Sun-Way Cruises of the s.s. HANSEATIC

COMPLETELY AIR-CONDITIONED — 30,000 GROSS TONS

Hamburg-Atlantic Line

Werbung der Sun Way Cruises
für die Westindienreisen der *Hanseatic*

### 1st SUN-WAY CRUISE

15 DAYS • 6 PORTS • $420 up
4956 Miles
*Sails February 8, 1960*

| Ports | Arrive | Depart |
|---|---|---|
| NEW YORK | | Feb. 8, 11:00 A.M. |
| ST. THOMAS | Feb. 11 P.M. | Feb. 12 A.M. |
| LA GUAIRA | Feb. 13 A.M. | Feb. 13 P.M. |
| CURACAO | Feb. 14 A.M. | Feb. 14 P.M. |
| CRISTOBAL | Feb. 16 A.M. | Feb. 16 P.M. |
| KINGSTON | Feb. 18 A.M. | Feb. 18 P.M. |
| PORT AU PRINCE | Feb. 19 A.M. | Feb. 20 A.M. |
| NEW YORK | Feb. 23 A.M. | |

### 2nd SUN-WAY CRUISE

15 DAYS • 6 PORTS • $420 up
4956 Miles
*Sails February 25, 1960*

| Ports | Arrive | Depart |
|---|---|---|
| NEW YORK | | Feb. 25, 11:00 A.M. |
| ST. THOMAS | Feb. 28 P.M. | Feb. 29 A.M. |
| LA GUAIRA | Mar. 1 A.M. | Mar. 1 P.M. |
| CURACAO | Mar. 2 A.M. | Mar. 2 P.M. |
| CRISTOBAL | Mar. 4 A.M. | Mar. 4 P.M. |
| KINGSTON | Mar. 6 A.M. | Mar. 6 P.M. |
| PORT AU PRINCE | Mar. 7 A.M. | Mar. 8 A.M. |
| NEW YORK | Mar. 11 A.M. | |

### 3rd SUN-WAY CRUISE

13 DAYS • 4 PORTS • $345 up
4664 Miles
*Sails March 14, 1960*

| Ports | Arrive | Depart |
|---|---|---|
| NEW YORK | | Mar. 14, 11:00 A.M. |
| CURACAO | Mar. 18 A.M. | Mar. 18 P.M. |
| CRISTOBAL | Mar. 20 A.M. | Mar. 20 P.M. |
| KINGSTON | Mar. 22 A.M. | Mar. 22 P.M. |
| PORT AU PRINCE | Mar. 23 A.M. | Mar. 24 A.M. |
| NEW YORK | Mar. 27 A.M. | |

### 4th SUN-WAY CRUISE

13 DAYS • 4 PORTS • $345 up
4664 Miles
*Sails March 29, 1960*

| Ports | Arrive | Depart |
|---|---|---|
| NEW YORK | | Mar. 29, 11:00 A.M. |
| CURACAO | Apr. 2 A.M. | Apr. 2 P.M. |
| CRISTOBAL | Apr. 4 A.M. | Apr. 4 P.M. |
| KINGSTON | Apr. 6 A.M. | Apr. 6 P.M. |
| PORT AU PRINCE | Apr. 7 A.M. | Apr. 8 A.M. |
| NEW YORK | Apr. 11 A.M. | |

ATLANTIC CLUB

CABIN U-121 — OUTSIDE — WITH PRIVATE SHOWER AND TOILET

Printed in U.S.A.

**Donnerstag 25.2.1960**

Um 11 Uhr Leinen los, es ist eisiger Wind, Schnee und Regen. Gegen 13 Uhr fing es schon sehr an zu schaukeln, um 18 Uhr kam Herr Braun und sagte uns Sturm in der Nacht an. Es ist jetzt 20:45 Uhr, wir haben Windstärke 8-9, das Schiff fängt an zu leben! Die Nacht nicht geschlafen, gegen 23 Uhr fiel die Maschine aus, kein Licht, keine Aircondition. Ein Bullauge wurde im A-Restaurant vom Wasser eingeschlagen, es war unmöglich ein Auge zuzumachen, wir fielen bald aus dem Bett. Das war das Cap Heddares!

**Freitag 26.2.1960**
**Auf See**

Der Sturm ließ nach, die Nacht wurde wieder zur Nacht.

**Dienstag 1.3.1960**
**Bay von Mavuto, La Guaira, Venezuela**

Freizeit von 12-16 Uhr. Kein schöner Hafen,

Im Hafen von La Guaira

Kriegsschiffe im Hafen von La Guaira

die Bay gefährlich starke Brandung und Haie, aber für uns nicht gefährlich, da es einen Zaun bis zum Seegrund gibt. Um 14 Uhr holte uns das Taxi ab, um 15 Uhr Besatzung an Bord, um 17 Uhr Leinen los. Ein herrlicher Tag!

**Freitag 4.3.1960**
**Hafen von Cristobal**
Um 7 Uhr an der Pier festgemacht. Habe heute frei bis 16 Uhr. Es ist jetzt 9:30 Uhr, gehe an Land. Sehr heiß, 35 Grad, ins Seemannsheim reingeschaut, zum Mittagessen an Bord, anschließend wieder an Land. Bei einem Inder zwei Holzfiguren gekauft. Von 16-19 Uhr war ich im Salon. Schnell zu Abend gegessen, und mit Günter an Land einen Whisky Soda getrunken. Um 21:45 Uhr an Bord, um 23:30 Uhr sind wir ausgelaufen.

**Sonntag 6.3.1960**
**Kingston, Jamaika**
Heute bis 7:30 Uhr geschlafen, bis 15 Uhr frei. Gutes Frühstück, ham and egg. Es ist 9:30 Uhr, die Mannschaft darf von Bord, sehr warm. Die Straßen sind leer, die Hitze, die Strohmarkthalle ist voll. Ich konnte es nicht lassen, ein 2. Hut (2 $) musste mit.

**Montag 7.3.1960**
**Port au Prince, Haiti**
Genau 9 Uhr lagen wir vor Anker. Mit dem Tender bis an Land 30 Minuten! Francis getroffen, ein echter Haitianer, durch ihn habe ich Haiti kennengelernt. Er begleitet uns zu einer Bar, Musik live Steelband, getanzt, ein Drink Coca-Rum 0,40 Cent, es war eine wunderbare andere Welt. Diese Menschen hier sind sehr hübsch, Kreolen, aus der Kolonialzeit. Leider war dieser herrliche Tag vorbei, wir mussten den letzten Tender um 23:15 Uhr zum Schiff haben. Mit 38 Mann in einem Boot, auweia, für 25 waren Schwimmwesten an Bord. Wir saßen bald mit dem Hintern im Wasser, und all das bei 30 Minuten Überfahrt! Achtern raus Se-

*Hanseatic* auf Reede vor Kingston

*Hanseatic* mit Geldtauchern auf Haiti

geln ist verboten! Tolle Stimmung an Bord, um 2:30 Uhr liefen wir bei Sternenhimmel, warm und einem Drink Richtung New York aus. Reise 2 ist zu Ende.

**Dienstag 8.3.1960**
**Auf See**
Heute Morgen um 7:30 Uhr noch die letzte Landzunge gesehen. Es wird kälter, Kostümfest.

**Mittwoch 9.3.1960**
Viel Arbeit im Salon, 11 $ Tipp.

**Donnerstag 10.3.1960**
**Auf See**
Die letzte Nacht war sehr stürmisch, von der Karibik in den Atlantik heftig, was nicht festgebunden war, fiel um. Im Salon die stummen Diener, die Lockenwickler trullerten durch den Salon. Alles sauber gemacht, der Koch brachte uns eine Fleischplatte und Brot. Es ist 23:10 Uhr, ich gehe in meine Koje!

**Freitag 11.3.1960**
**New York**
Um 7 Uhr früh an der Pier 97, 57. Straße, Ausschiffung 527 Passagiere. Von 8-12 Uhr Mannschaft bedient, Rest des Tages frei. Um 13 Uhr mit Lanken zum Broadway, Lederjacke gekauft. Eiskalt, Schnee, Günter kam sehr spät.

**Samstag 12.3.1960**
Wieder Mannschaft von 8-12 Uhr Haareschneiden. Günter kam um 14 Uhr. Um 16 Uhr an Land gegangen, bei Onkel Sam Sandwich gegessen. Gegen 17 Uhr an Bord, zu kalt!

**Sonntag 13.3.1960**
Endlich ein Tag zum Ausschlafen. Um 10 Uhr aufgestanden, bin in die Küche, Frühstück

Auf dem Sonnendeck im Hintergrund die Skyline von New York

besorgt für Gü und mich, weitergeschlafen, 14 Uhr aufgestanden, an Land Essen gegangen. Zum Abendbrot wieder an Bord. Gerhard+Gü+Heidi: um 21 Uhr mit Taxi ins Loreley, ein bisschen getanzt, ein Drink, und zurück an Bord, denn Morgen fängt die 3. Reise an!

**Montag 14.3.1960**
Auslaufen New York zur 3. Reise mit 400 Passagieren. Einschiffung 8:30 Uhr. Es ist 11 Uhr, wir legen ab. Schaun wir mal, welche Klasse-Passagiere wir diesmal an Bord haben!

**Dienstag 15.3.1960**
**Auf See**
Noch wenige trauen sich in unseren Salon, heute Morgen noch sehr kalt. Es ist 21 Uhr, ein angenehm warmer Wind kommt auf. Chef ist krank, zu viel Whisky.

**Mittwoch 16.3.1960**
Habe mich in der Mittagszeit aufs Peildeck gelegt.

**Donnerstag 17.3.1960**
Heute Morgen um 9:45 Uhr an der Ostküste Haitis vorbei. Die Hafenzeit in New York ist sehr aufregend. Ich, wir sind glücklich, wenn es wieder raus geht. Es tut gut, an Bord zu sein.

**Freitag 18.3.1960**
**Curacao**
Für mich das 2. Mal Curacao. Um 7 Uhr morgens an der Pier, es ist sehr heiß. Ich habe von 8-12 Uhr gearbeitet. Mannschaft Haare geschnitten, Günter kam auch. Zu Mittag in die Messe, und an Land gegangen. Um 17 Uhr Leinen los. Heiß, heiß 35 Grad!

▲ Im Panamakanal ▼

**Sonnabend 19.3.1960**
**Auf See**
Bis 22:30 Uhr gearbeitet, Apachen Abend. Über Mittag gesonnt.

**Sonntag 20.3.1960**
**Cristobal, Panama**
Um 8 Uhr lagen wir an der Pier. Meine Kollegin Brigitte, Peter und ich hatten heute bis 16 Uhr frei. Carlo Jacobsen + Weiser, unsere Fotografen, haben uns eingeladen mit dem Taxi, fünf Personen zwei Stunden 20 $, nach Panama City. Die Fahrt führte uns durch die Berge mit riesigen Bananen-und Kokosnuss-Feldern. Aber dann kam ein Stück, ungefähr 30 Minuten, Urwald. Unser Taxi hielt an, wir sahen jede Menge Schlangen und kleine Affen, die von Baum zu Baum unterwegs waren. In der City angekommen: hier leben arm und reich auf einem Fleck. Das Panama Hilton riesig und fein. Sehr warm, in der Mittagszeit sind die Straßen leer. Wir fuhren weiter zu den alten Burgruinen, die von den

▲ Der Frachter ***Illstein*** des Norddeutschen Lloyd im Panama-Kanal ▼

Schwedischer Frachter Bataan im Panama-Kanal

Burgruine in Panama-City

Franzosen der Schätze und des Goldes wegen ausgeraubt wurden. So machten wir viele Fotos, auch auf dem Heimweg. An Bord um 15 Uhr. In diesen Ländern ist es nicht sicher, dass man ohne Überfall heil wieder ankommt! Im Salon von 16-19 Uhr. Bin dann nochmal an Land, einen Stoff für 3 $ gekauft. Besatzung an Bord um 22 Uhr, um 23:30 Uhr klar vorn und achtern.

**Montag 21.3.1960**
**Auf See**

Habe tüchtig Bauchweh, nichts gegessen, gleich aufs Peildeck, ist nur für die weibliche Crew. Die Sonne hat mir gut getan, es war windig, habe mich in eine Decke gehüllt. Den gekauften Stoff von Cristobal noch nach dem Abendbrot für ein Kleid zugeschnitten.

**Mittwoch 23.3.1960**
**Port au Prince, Haiti**

Ab 8:30 Uhr auf Reede, gleich an Land, ein

Taxi genommen, wollten die Schnapsfabrik in den Bergen, die einem Deutschen aus Dresden gehört, besichtigen. Taxi für drei Stunden 8 $. Wir probierten ca. 15 verschiedene Likörsorten. Unser Lunchpaket von Bord ging wieder mit an Bord. Wir hatten viel Spaß, ich pflückte mir Chachas, Apfelsinen, Kakteen. Die wunderbare Aussicht mussten wir leider um 13 Uhr verlassen. Unser Taxi brachte uns zum Pier, wo ich dann noch gehandelt habe. Ein Paar Schuhe von mir für vier Holzmasken. Unser Glück die See war ruhig, wir waren wieder mal überfüllt im Boot, 10 Mann zu viel! Es regnete fürchterlich, wir verkrochen uns zu zweit in das Vorschiff des Tenderbootes, wo die Schwimmwesten lagen. Ich hatte Dienst von 16-19 Uhr. Danach schnell in die Messe, ham ham und wieder an Land. Wir tanzten in einer deutschen Bar bis 23 Uhr. Auf dem Weg zum Tender eine Trommel eingehandelt für 50 Cent. Unser Kapitän fuhr mit uns, um 24 Uhr an Bord. Gerd und Gü waren auch da. Gü war beim Zahnarzt, zwei Zähne raus. Es ist 2 Uhr, wir laufen aus. Tschüss Haiti, Romantik pur! Wir stehen achtern, die Sterne, es ist warm, die Küste hell erleuchtet, unser Schiff verabschiedet sich. Ich bin überhaupt nicht müde! Für mich ein Erlebnis, ein Glück, dass ich die wunderschönen Inseln und Menschen kennenlernen durfte. Mein Traum ging in Erfüllung.

**Sonntag 27.3.1960**
**New York**
Wieder in New York. Ankunft 8 Uhr früh, haben am Pier 97 festgemacht. Gutes Wetter, von 7-12 Uhr im Salon klar Schiff gemacht. Wir haben zwei Hafentage, wir sind ein gutes Team, Gerd, Heinz, Günter und ich. Jeder wusste alles und passte auf den anderen auf. So landeten wir bei Rolf, einem Steward zu einem Drink in seiner Kabine. OK. Um 15:30 Uhr in meiner Kabine, ich besorgte Kaffee, Kuchen und Brote. Günter war schon landfein, und so gingen wir von Bord. Der Krebs Gü und Schütze Heidi waren unzertrennbar. Wir gingen wieder bei Onkel Sam vorbei, so hieß die Hafenbar, für einen Harbour-Whisky, Gingerade für Heidi. Bei Gonnon kaufte ich dicke flauschige Handtücher Stück 1 $, meine Mutter war begeistert. Für jeden hatte ich immer etwas im Gepäck.

Die *Hanseatic* vor Haiti

**Dienstag 29.3.1960**
Um 8 Uhr Einschiffung, 309 Passagiere. Um 11 Uhr wurde die Gangway weggenommen, mit Musik legten wir ab, wir starten zur 4. und letzten Reise.

An der Pier in New York

**Mittwoch 30.4.1960**
**Auf See**
Um 10 Uhr Bootsmanöver, Begrüßung der neuen Passagiere

**Donnerstag 31.3.1960**
„Seemannssonntag". Um 11 Uhr Feuermanöver.

**Freitag 1.4.1960**
In der Mittagszeit in der Sonne gelegen, Gü getroffen.

**Sonnabend 2.4.1960**
**Curacao**
Inseln der Niederländischen Antillen vor der Küste Venezuelas, 443 km². 141.000 Einwohner, Hauptstadt Willemstad. Um 8 Uhr an der Pier. Haben beim Festmachen einen Pfahl gerammt. Ca. 9 Uhr, als wir von Bord gingen. Taxi in die Stadt und zum Piscadera Beach. Und so waren wir wieder alle zusammen, lange gebadet, warmes Karibisches Meer. Um 15 Uhr wieder an Bord. Unser Bel Boy hat sich die Rippen gebrochen, er liegt hier im Hospital. Sollten um 17 Uhr ablegen, aber es wurde 18 Uhr. Wieder ging ein sehr schöner Tag mit einer Mondscheinpartie am Vorschiff, Musik und einem Drink zu Ende. Habe das 1. Mal in meinem Leben das Kreuz des Südens gesehen!

**Montag 4.4.1960**
**Cristobal, Panama**
An der Pier um 8 Uhr, bis 11 Uhr gearbeitet, in die Messe, dann mit den Kollegen Brigitte und Peter zum Baden ins Hotel Washington. Gü getroffen, er ist schon um 10 Uhr an Land gegangen. Von 16-19 Uhr Dienst. Schnell die Messe aufgesucht, Hunger-Hunger, wieder an Land zum Stoffe-Kaufen, 20:30 Uhr wieder an Bord. Bei Dunkelheit ist es zu gefährlich in Cristobal. Leinen los um 23 Uhr. Ein heißer Tag ging zu Ende.

HOME LINES

AGENCY, INC.

**1959-1960 SEASON**

*Announces*

# 27 SUN-WAY CRUISES

## Aboard Completely Air-Conditioned Ships

**Twenty-seven cruises from New York, Atlantic Seaboard and Gulf Ports offer a wide choice of glamorous ports of call in the West Indies and South America . . . from December through May . . . on four fully air-conditioned ships . . . the 26,000 gross-ton flagship HOMERIC and the 21,600 gross-ton ITALIA of Home Lines; the 30,000 gross-ton flagship HANSEATIC of Hamburg-Atlantic Line; and the 21,300 gross-ton QUEEN FREDERICA of National Hellenic American Line.**

### HOMERIC Cruises

| *From* | *Sailing* |
|---|---|
| New York | DEC. 19 for 16 days....$500 up |
| New York | JAN. 6 for 14 days.... 415 up |
| New York | JAN. 22 for 15 days.... 445 up |
| New York | FEB. 8 for 19 days.... 560 up |
| New York | FEB. 29 for 16 days.... 485 up |
| New York | MAR. 18 for 15 days.... 425 up |
| New York | APR. 4 for 14 days.... 400 up |

### Features of the Sun-Way Cruises:

- ★ The efficiency and "know-how" of the personnel aboard — officers, crew, cruise staff and entertainers.
- ★ Spacious decks for outdoor luncheons.
- ★ Midnight buffets.
- ★ Outdoor swimming pools.
- ★ Acres of deck space for sun, sports and relaxation.
- ★ Entire decks of Public Rooms.
- ★ Continental and American orchestras.
- ★ Night Clubs.
- ★ Latest wide-screen movies.
- ★ Professional entertainment.
- ★ Golf professionals for instruction aboard and playing arrangements ashore.
- ★ Unsurpassed Italian and Continental cuisine aboard s. s. HOMERIC, m. s. ITALIA and s. s. QUEEN FREDERICA.
- ★ Finest German and Continental cuisine on s. s. HANSEATIC.
- ★ Experienced cruise-staffs under the direction of the dean of cruise directors.

**For Information and Reservations See Your Travel Agent**

### HANSEATIC Cruises

| *From* | *Sailing* |
|---|---|
| New York | FEB. 8 for 15 days....$420 up |
| New York | FEB. 25 for 15 days.... 420 up |
| New York | MAR. 14 for 13 days.... 345 up |
| New York | MAR. 29 for 13 days.... 345 up |

### ITALIA Cruises

| *From* | *Sailing* |
|---|---|
| New York | DEC. 23 for 12 days....$295 up |
| Miami* | JAN. 7 for 12 days.... 295 up |
| Miami* | JAN. 20 for 14 days.... 350 up |
| Miami* | FEB. 4 for 16 days.... 395 up |
| Miami* | FEB. 21 for 14 days.... 350 up |
| New Orleans | MAR. 11 for 7 days.... 175 up |
| New Orleans | MAR. 18 for 5 days.... 125 up |
| Galveston | MAR. 24 for 12 days.... 295 up |
| Galveston | APR. 7 for 9 days.... 225 up |
| Galveston | APR. 16 for 5 days.... 125 up |
| Tampa | APR. 27 for 3 days.... 95 up |
| Savannah | MAY 3 for 6 days.... 150 up |
| Charleston | MAY 10 for 4 days.... 110 up |
| Wilmington, N. C. | MAY 16 for 5 days.... 125 up |
| Boston | MAY 27 for 6 days.... 150 up |

*Sails from and returns to Port Everglades

### QUEEN FREDERICA Cruise

| *From* | *Sailing* |
|---|---|
| New York | FEB. 8 for 15 days....$055 up |

Printed in U.S.A.

Prospekt der Sun Way Cruises unter anderem für die Fahrten der ***Hanseatic***

**Dienstag 5.4.1960**
**Auf See**
Mannschaftsabend, das heißt Haare schneiden!

**Mittwoch 6.4.1960**
**Kingston, Jamaika**
Heute um 7 Uhr an der Pier festgemacht, habe frei, und etwas länger geschlafen. Um 8:15 Uhr in die Messe zum Frühstücken. Einen „Mami-Letter“ bekommen! Bin um 9 Uhr an Land. Carlo und Weiser im Strohmarkt getroffen. Carlo: „Heidi, du siehst so fantastisch aus mit Hut“, er konnte es nicht lassen, so schenkte er mir zwei sehr schöne Hüte! Die Zeit lief uns davon, schnell ins Myrtle Bank Hotel, mein Chef hat uns zum Essen eingeladen. Vier Monate Westindische Inseln, ein letztes Mal Kingston für diese Reise. Alles Schöne geht einmal zu Ende, und so trudelten wir mit vollem Bauch um 15 Uhr an Bord. Unsere Abfahrt musste um Stunden verschoben werden, da sich ein

▲ Curacao-Stadt (Fotos Karl Jacobsen) ▼

Die *Hanseatic* in Cristobal, Panama

Tampen um den Anker am Grund gelegt hatte. Ein Taucher brachte es wieder in Ordnung. Um 18 Uhr ab nach Port au Prince.

**Montag 11.4.1960**
**New York**
Ausschiffung 8 Uhr. Alle Passagiere von Bord. Mit Gü an Land, er hat Konserven gekauft. Carlo unser Fotograf brauchte für seine Bordzeitung ein Modell. Heidi, groß und schlank, braun gebrannt, hübsch, wie er immer sagte, musste es sein! Also ging er mit mir in die 5th Avenue, und kaufte zwei Kleider und Schuhe für mich. Waren noch Kaffee trinken und auf dem Empire State Building. Das war der Dienstag in New York.

Kugelfisch auf Jamaika ▶
damaliger Preis 3,50 $ (Foto: Karl Jacobsen)

Bananenträgerin auf Jamaika (Foto: Karl Jacobsen)

**Mittwoch 13.4.1960**

Nachts abgelegt, die Heimfahrt beginnt. Acht Tage auf See „Atlantik". Wir hatten 800 Passagiere. Seegang vom Feinsten, Passagiere lagen flach. In der Koje schlafen war unmöglich. Wir nahmen unsere Matratzen und legten diese in den Gang. Nur seekrank wurde ich nie mehr. Am 17. April war Ostern, von Carlo bekam ich eine Schwarzwälder Puppe und ein Bambi geschenkt.

**Donnerstag 21.4.1960**
**Cuxhaven**

Am Pier Steubenhöft 9 Uhr Ausschiffung. Wir bekommen jede Menge Ware für den Salon. Ein Vertreter brachte es uns an Bord, und zugleich nahm er uns mit nach Hamburg. Gegen 15 Uhr war ich dann zu Hause. Nein, zu Hause war mein Schiff! Es war ein Gefühl wie verkehrt am Platz, diese Enge, ich war einfach traurig. Nach 14 Tagen ging es endlich wieder raus. Diesmal führte uns die Reise mit 700 Passagie-

Vordeck der ***Hanseatic*** mit Ankerspill und Schiffsglocke ren nach Nordafrika. Southampton, Lissabon, Tanger, Casablanca, Teneriffa, Madeira. Dann waren wieder 14 Tage Urlaub angesagt. Oh je, die *Hanseatic* musste in die Werft, bevor wir die große Reise über den Atlantik, Westindien am 30. September antraten. Schon beim Ablegen von Cuxhaven kam einer nach dem andern an Deck. Wir begrüßten uns „Schön, dass Du wieder dabei bist." Die Freude war riesig, wir waren eine große Familie! So schipperten wir in die Freiheit.

**30. September 1960**
**Cuxhaven**

Meine zweite große Reise über den Atlantik. Unser Schiff die *Hanseatic* hat am 29.9. am Pier Steubenhöft festgemacht. Ich bin am Freitag, den 30.9. an Bord gegangen. Habe den Zug um 9:32 Uhr von Hamburg genommen und war um 12 Uhr in Cuxhaven. Mit Klaus meinem Freund vom Zerstörer Z4 wollte ich mich treffen. Habe mich beim Hafenamt, und der Marine in Flensburg erkundigt. Mir wurde gesagt, dass Klaus gleich nach Anlegen an Land gegangen ist. Schade, es wäre schön gewesen, da ich doch jetzt gut drei Monate unterwegs bin... Es war auch keine Hoffnung, dass sich unsere beiden Schiffe in irgendeinem Hafen unterwegs treffen würden. Ich habe für Klaus einen Anhänger aus Gold, Glaube-Liebe-Hoffnung gekauft. Schade!

**Samstag 1.10.1960**

Habe nicht meine gewohnte Kabine bekommen. Musste dreimal umziehen, vom Main Deck 7 zu M 5, zu M 38, wo ich bis New York mit einer fremden Verkäuferin und Fotografin zusammen war. Leider habe ich von Klaus auch heute nichts gehört. Um 22:30 Uhr legen wir mit ca. 500 Passagieren ab. Unser „Club" war auch wieder an Bord. Günter, Gerd, Heinz, so trafen wir uns achtern, good by Deutschland. Jetzt acht See-Tage!

Ankunft der ***Hanseatic*** **in Cuxhaven auf einer zeitgenössischen Postkarte**

# Hamburg-Atlantik Linie

HAMBURG 1 · BALLINDAMM 25

## GENERALVERTRETUNGEN UND PASSAGEBUROS

**EUROPA**

| | | |
|---|---|---|
| ATHEN | | National Hellenic American Line S.A. – 10, Venizelou Street |
| BARCELONA | | Hijos de M. Condeminas – Paseo de Colón, 11 |
| BELGRAD | | Putnik, Jugoslav Travel and Tourist Agency – Dragoslava Jovanovica, 1 |
| BRUSSEL | | Voyages De Keyser Thornton – 53, Cantersteen (Shell Building) |
| COBH | | James Scott & Co., Yacht-Club Building |
| FLORENZ | | Fratelli Cosulich – Piazza S. Trinitá 2 r. |
| GENUA | | Fratelli Cosulich – Via Balbi, 4 |
| GIBRALTAR | | Cory Bros. & Co. (Gibraltar) Ltd. – Cambrian House |
| GOTENBURG | | A. B. Nordisk – Resebureau – Hotellplatsen 2 |
| HAMBURG | | Hamburg-Amerika Linie – Ballindamm 25 |
| HELSINKI | | Finland Travel Bureau Ltd., Keskuskatu 1 |
| KOPENHAGEN | | "Dantourist" Travel Bureau – 11, Amagertorv |
| LE HAVRE | | Plate & Co. – 147, rue de Paris |
| LISSABON | | Agencia Maritima Transatlántica Ltda. – Rua de Alecrim 20-A, 1º |
| LONDON | S.W. 1 | E. H. Mundy & Co., Ltd. – 87, Jermyn Street |
| MADRID | | Hijos de M. Condeminas – Carrera S. Jeronima 31 |
| MAILAND | | Fratelli Cosulich – Via M. Gonzaga 2 |
| NEAPEL | | Fratelli Cosulich – Via Depretis 19 |
| OSLO | | Winge & Co.'s Travel Bureau Ltd. – Karl Johans Gate 33. – P.O.B. 1705 |
| PALERMO | | Fratelli Cosulich – Via Francesco Guardione 73 |
| PARIS | | Home Lines – Transports et Voyages – 8, rue Auber |
| PLYMOUTH | | Cory & Strick Ltd. – Millbay Pier – Great Western Docks |
| PRAG | | "Cedok" Bureau Tchécoslov. de Voyages et de Transp. A.S. – Na Prikope 18 |
| ROM | | Oltremare / Fratelli Cosulich – Via Barberini 60 |
| ROTTERDAM | | Kuyper Van Dam & Smeer – 50, Van Vollenhovenstrat |
| SOUTHAMPTON | | Sandell Bros. Ltd. Queen's Chambers, 23/24 Queen's Terrace (Docks) |
| STOCKHOLM | | A. B. Nordisk Resebureau – Stureplan 6, P.O.B. 7020 |
| TRIEST | | Fratelli Cosulich – Piazza S. Antonio, 1 |
| TURIN | | Fratelli Cosulich – Via Roma 260 |
| VENEDIG | | Fratelli Cosulich – Campo S. Moisé |
| VIGO | | Bonifacio Lagares – Av. Montero Rios, 8 |
| WARSCHAU | | P. O. R. Z. "Orbis" – ul. Bracka 16 |
| WIEN | | Hamburg-Atlantik Linie, Kärtnerstraße 22, Hotel Ambassador |
| ZURICH | | Fratelli Cosulich – Nüschelerstraße, 9 |

**NAHER OSTEN**

| | | |
|---|---|---|
| ALEXANDRIEN | | "Eastmar" – 16, Rue Cherif Pasha |
| BAGDAD | | Abultimman Travel Bureau, King Feisal II Square |
| BEIRUT | | R. Balgis, Rue de la Marseillaise – P. O. Box 806 |
| CASABLANCA | | Vve. Joseph Lasry & Fils (Maroc) – 101 Boulevard Mohamed [illegible] |
| HAIFA | | Israel Scandinavian Maritime Agency Ltd. – Khayat Sq. P. O. Box 1557 |
| ISTANBUL | (Galata) | Rinaldo Levante – Bankalar Caddesi – No. 31-33 – P.O.B. 31 |
| KAIRO | | "Eastmar" 10/12, Adly Pasha Street |
| LARNACA | (Cyprus) | Z. D. Pierides – P. O. Box 25 |

**USA**

| | | |
|---|---|---|
| NEW YORK | (N. Y.) | Home Lines Agency Inc. – 42, Broadway |
| BOSTON | (Mass.) | Home Lines Agency Inc. – 234 Clarendon Street |
| CLEVELAND | (Ohio) | Home Lines Agency Inc. – 1010, Euclid Avenue |
| CHICAGO | (Ill.) | Home Lines Agency Inc. – 35, East Wacker Drive |
| LOS ANGELES | (Cal.) | Home Lines Agency Inc. – 530, West 6th Street |
| NEW ORLEANS | (La.) | Home Lines – 1616 Père Marquette Building |
| PHILADELPHIA | (Pa.) | Home Lines Agency Inc. – 1528, Walnut Street |
| SAN FRANCISCO | (Cal.) | Home Lines Agency Inc. 275, Post Street |

**CANADA**

| | | |
|---|---|---|
| MONTREAL | (P.Q.) | Home Lines Steamship Agency of Canada Ltd. – 1255 Phillips Square |
| CALGARY | (Alta) | Home Lines Steamship Agency of Canada, Ltd. – Suite 913 Greyhound Building |
| HALIFAX | (N.S.) | Home Lines – 71-73 Upper Water Street |
| QUEBEC | (P.Q.) | Ramsey, Greig & Co. Ltd. – 2 Chauveau Avenue |
| TORONTO | (Ont.) | Home Lines Steamship Agency of Canada Ltd. – 185 Bay Street |
| VANCOUVER | (B.C.) | Home Lines Steamship Agency of Canada Ltd. – 105 Burrard Building |
| WINNIPEG | (Man.) | Home Lines Steamship Agency of Canada, Ltd. – Suite 201.211 Portage Avenue |

**MITTEL- UND SUDAMERIKA**

| | | |
|---|---|---|
| BUENOS AIRES | | Compania de Navegacion Atlantico Austral Reconquista 575 |
| CARACAS | (Venezuela) | Agencia Wallis – Avenida Este, 1 |
| CARTAGENA | (Columbia) | Representaciones Maritimas Ltd. – P. O. B. 1373 |
| GUATEMALA CITY | C. A. | Wagons-Lits/Cook – 12 Calle Ponlente y 5th Av. Sur |
| HAVANA | (Cuba) | A. Bona & C. Ltd. – O' Reilly 208 Bajos |
| MEXICO CITY | D.F. (Mex.) | Wagons-Lits/Cook – 88 Juares Avenue |

Auskunft und Platzbelegung durch:

Printed in Germany 4H

T. S. »HANSEATIC«
FAHRPLAN 1960/61

HANSEATIC

HAMBURG-ATLANTIK LINIE

Ausgabe Nr. 2 — 1960

Fahrplan der Hamburg Amerika Linie für die ***Hanseatic***

**Sonntag 2.10.1960**

Der Tag war gut, wir hatten uns alle wieder, und die See war auch ruhig. Am Achterdeck stand Günter, er hatte wohl einen Whisky zu viel. Was mag mein Lieber Klaus wohl machen?

**Montag 3.10.1960**

In der Nacht vom 2. zum 3. Passagiere in Southampton aufgenommen. Früh um 10 Uhr waren wir dann schon in Le Havre. Schönes Wetter, 12:45 Uhr legen wir ab mit Musik. Viel zu tun im Salon. Zeitumstellung eine Stunde zurück. 20 Uhr tüchtig Seegang.

## HAMBURG-ATLANTIK LINIE — T.S. »HANSEATIC« 30000 BRT

## FAHRPLAN 1960/61

**WESTWÄRTS**

| | Reise Nr. | Cuxhaven Abf. | Le Havre Abf. | Southampton Abf. | New York Ank. |
|---|---|---|---|---|---|
| **1960** | | | | | |
| SAISON | 29 | 21. Aug.* | 22. Aug.* | 22. Aug. | 29. Aug. |
| SAISON | 30 | 11. Sept.* | 12. Sept.* | 12. Sept. | 19. Sept. |
| SAISON | 31 | 2. Okt.* | 3. Okt.* | 3. Okt. | 10. Okt. |
| | 27. Dez. — 11. Januar Kreuzfahrt Kanarische Inseln | | | | |
| **1961** | | | | | |
| | 32 | 14. Jan. | 15. Jan. | 16. Jan. | 23. Jan. via Halifax |
| | 33 | 26. Apr. | — | 27. Apr.△ | 4. Mai |
| | 34 | 14. Mai | — | 15. Mai△ | 22. Mai |
| | 35 | 2. Juni | — | 3. Juni△ | 10. Juni |
| | 36 | 21. Juni | 22. Juni | 23. Juni | 30. Juni |
| SAISON | 37 | 11. Juli | 12. Juli | 13. Juli | 20. Juli |
| SAISON | 38 | 31. Juli | 1. Aug. | 2. Aug. | 9. Aug. |
| SAISON | 39 | 21. Aug. | 22. Aug. | 23. Aug. | 30. Aug. |
| SAISON | 40 | 10. Sept. | 11. Sept. | 12. Sept. | 19. Sept. |
| SAISON | 41 | 30. Sept. | 1. Okt. | 2. Okt. | 9. Okt. |
| SAISON | 42 | 22. Okt. | 23. Okt. | 24. Okt. | 31. Okt. |

**OSTWÄRTS**

| | Reise Nr. | New York Abf. | Southampton Ank. | Le Havre Ank. | Cuxhaven Ank. |
|---|---|---|---|---|---|
| **1960** | | | | | |
| | 29 | 31. Aug.* | 6. Sept. | 7. Sept. | 8. Sept. |
| | 30 | 21. Sept.* | 27. Sept. | 28. Sept. | 29. Sept. |
| | Kreuzfahrten | | | | |
| | 31 | 26. Nov. 11.30 Uhr | — | — | 4. Dez. |
| **1961** | | | | | |
| | Kreuzfahrten | | | | |
| | 32 | 14. Apr. 23.00 Uhr | 21. Apr. | 22. Apr. | 23. Apr. |
| SAISON | 33 | 5. Mai* | 11. Mai | 12. Mai | 13. Mai |
| SAISON | 34 | 24. Mai* | 30. Mai | 31. Mai | 1. Juni |
| SAISON | 35 | 11. Juni* | 17. Juni | 18. Juni | 19. Juni |
| SAISON | 36 | 2. Juli* | 8. Juli | 9. Juli | 10. Juli |
| SAISON | 37 | 22. Juli* | 28. Juli | 29. Juli | 30. Juli |
| SAISON | 38 | 11. Aug.* | 17. Aug. | 18. Aug. | 19. Aug. |
| | 39 | 1. Sept.* | 7. Sept. | 8. Sept. | 9. Sept. |
| | 40 | 21. Sept.* | 27. Sept. | 28. Sept. | 29. Sept. |
| | 41 | 11. Okt.* | 17. Okt. | 18. Okt. | 19. Okt. |

* Einschiffung der Passagiere erfolgt am vorhergehenden Abend, Abfahrt ca. 0.01 Uhr △ Abfahrt 23.00 Uhr

**Ankunfts- und Abfahrtszeiten 1961 sofern nicht anders vermerkt:**

| | | | | | | | |
|---|---|---|---|---|---|---|---|
| Westwärts: | Cuxhaven | Abfahrt: | ca. 20.00 Uhr | Ostwärts: | New York | Abfahrt: | 0.01 Uhr |
| | Le Havre | Abfahrt: | ca. 23.00 Uhr | | Southampton | Ankunft: | nachmittags |
| | Southampton | Abfahrt: | vormittags | | Le Havre | Ankunft: | früh morgens |
| | New York | Ankunft: | ca. 8.00 Uhr | | Cuxhaven | Ankunft: | ca. 10.00 Uhr |

**Mindestraten in US-Dollar:**

**Außer Saison**

| | von oder nach SOUTHAMPTON | | | von oder nach LE HAVRE zuzüglich Hafengebühr | | | von oder nach CUXHAVEN | | |
|---|---|---|---|---|---|---|---|---|---|
| | Einweg-Fahrpreis | halber Rundreise-Fahrpreis | Auswanderer-Fahrpreis | Einweg-Fahrpreis | halber Rundreise-Fahrpreis | Auswanderer-Fahrpreis | Einweg-Fahrpreis | halber Rundreise-Fahrpreis | Auswanderer-Fahrpreis |
| | $ | $ | $ | $ | $ | $ | $ | $ | $ |
| 1. Kl. | 311 | 280 | 280 | 322 | 290 | 290 | 338 | 304 | 304 |
| Tour.-Kl. | 199 | 179 | 179 | 204 | 184 | 184 | 220 | 198 | 198 |

**Saison**

| | von oder nach | | |
|---|---|---|---|
| | Southampton | Le Havre zuzüglich Hafengebühr | Cuxhaven |
| | $ | $ | $ |
| 1. Kl. | 348 | 359 | 375 |
| Tour.-Kl. | 225 | 231 | 247 |

Fahrpreise für Kinder: 12 Jahre und älter voller Fahrpreis 1 Jahr und unter 12 Jahren halber Fahrpreis Unter 1 Jahr 1. Kl. $ 40.—, Touristenklasse $ 20.—

**Dienstag 4.10.1960**

Wieder ruhige See, Gü am Achterdeck getroffen 19:30 Uhr. Ich bin müde, gehe in meine Koje. Gerade hingelegt kommt Plumber Willi und Verkäuferin. In der Tischlerei wird Geburtstag gefeiert, ich musste mit. Um 23 Uhr war Schluss für mich.

**Mittwoch 5.10.1960**

Peter hat mir eine Dauerwelle gemacht, ein Tag voller Arbeit. Es ist 21 Uhr, ich bin in der Koje und schreibe an Klaus…

**Donnerstag 6.10.1960**
Seemannssonntag. Die See hat weißen Schaum, starker Wind heult um unser Schiff. Ab Nachmittag Sturm 8-9 Beaufort, das heißt die Koje in den Gang verlegen und alles sichern. Der Salon, oh je, alles flog durcheinander.

**Freitag 7.10.1960**
Heute Apachen Abend, nur ein paar Kostüme vermietet, die Passagiere sind seekrank. Auch Gü war arbeitslos im Alsterclub. Sehr starker Seegang. Heinz, Kabinen-Steward, hatte alle Hände voll zu tun.

**Sonnabend 8.10.1960**
Die See wird ruhiger und die Luft wärmer. Die Passagiere krabbeln aus den Kojen, und gleich zum Friseur. Das war ein Tag!

**Sonntag 9.10.1960**
Wieder ein Tag voller Arbeit, es war der letzte Tag vor New York. Gü tauchte im Salon auf, ein Veilchen so blau… Geburtstag in der Bar. Wir haben noch den Salon geputzt, gegen 22 Uhr ab zur Stewardmesse. Bis 3 Uhr Geburtstag gefeiert… wir merkten gar nicht, dass wir schon an der Pier lagen. Vier Stunden geschlafen.

**Montag 10.10.1960**
**New York**
Vor dem Frühstück bekam ich einen Brief von Klaus, er hatte ihn am 5.10. geschrieben. Habe mich riesig gefreut… Gegen 8 Uhr Ausschiffung. Bin umgezogen von M 38 nach M 37, eine schöne Kabine. Gü wollte, dass ich mit ihm an Land gehe. Er musste im Hansa Theater Passagiere auschecken. Um 13:30 Uhr alle Mann an Bord, um 16 Uhr Leinen los. Nach Feierabend musste die neue Kabine eingeweiht werden, ich konnte es nicht verhindern. Ich habe keine Glocke geläutet, und doch war meine Kabine voll!

**Skyline von New York.**
**In der Bildmitte der Liner *United States* ▼**

**Dienstag 11.10.1960**
Wir fahren leer (ohne Passagiere) nach Port Everglades. Früh aufgestanden, heute ist die Mannschaft zum Haareschneiden und Klarschiffmachen im Salon. Wir erwarten 400 Passagiere, nur vom Feinsten, da stimmt der Tipp! Es wird herrlich warm, die Sonne werde ich auf Deck in der Mittagspause genießen. Habe an Klaus geschrieben. Ich lebe in einer anderen Welt, zum Nachdenken dafür ist keine Zeit. Es ist gut so. Ich bin hier frei und glücklich!

**Mittwoch 12.10.1960**
Bis zur Einschiffung habe ich frei, gut gegessen, dann ab aufs Peildeck in die Sonne. Gegen 14 Uhr wurde der Himmel über uns so schwarz und es regnete so heftig. Plötzlich tauchte an beiden Seiten eine Windhose auf und zog das Wasser wie eine Fontäne nach oben. Wir liefen alle unter Deck. Ich ging um 15:30 Uhr zum Kaffeetrinken in die Messe und da hörte ich, dass wir nicht wie geplant um 18 Uhr, sondern um 21 Uhr am Pier Port Everglades festmachen werden. Wir mussten wegen des Unwetters eine andere Route nehmen. Später dann 750 Passagiere aufgenommen. Als wir Ablegen ist es 23:45 Uhr.

**Donnerstag 13.10.1960**
**Auf See**
Es ist furchtbar heiß und schwül. Um 10 Uhr ist Bootsmanöver, es ist Vorschrift bei jeder neuen Reise mit Passagieren. Am Abend bei einer Flasche Sekt bis 1 Uhr in der Messe geklönt.

**Freitag 14.10.1960**
Der Elektriker hat mir seinen Schallplattenspieler geliehen, meiner wollte nicht mehr, hat den Sturz beim letzten Sturm nicht überlebt. Nicht nur in meiner Kabine ist einiges zu Bruch gegangen!

**Ausbooten vor St. Thomas ▼**

Amerikanischer Flugzeugträger vor St. Thomas auf Reede

**Sonnabend 15.10.1960**
**St. Thomas, Virgin Islands**

Um 7 Uhr vor Anker gegangen. In der letzten Nacht gab es Ärger, einige haben zu viel Schnaps getrunken. Das Ergebnis: Landverbot für alle! Doch der Kapitän war gnädig, um 10 Uhr flüsterte eine Stimme über Lautsprecher, das Landverbot war aufgehoben. Wir nahmen das nächste Tenderboot, wir mussten doch zu Ries, Likörfabrik, Rum einkaufen. Sechs Flaschen und ein Coffee-Sport. Der Eri hat mir dann später aus der Flasche eine Lampe gebastelt! Das war vielleicht ein kurzer Landgang, aber besser als gar nicht! Es war schön. Ein Flugzeugträger der US Navy lag neben uns. Passagierschiff Bergenfjord mit 450 Passagieren lag an der Pier „Schwede". Es ist sehr heiß, über 30 Grad. Tschüss St. Thomas.

**Sonntag 16.10.1960**
**Fort de France, Martinique**

Es ist 9:30 Uhr, die Küste, Berge sind auf der Backbord-Seite zusehen. Unser Tender konnte nicht zu Wasser, die Strömung war schlecht, zu stark. Um 11 Uhr konnten wir dann an Land. Haben uns gleich ein Taxi gemietet und sind in die Berge für zwei Stunden. Wir sehen ein Denkmal von Joséphine, Napoleons Frau, die hier geboren ist. Sehr saubere Stadt.

**Montag 17.10.1960**
**Barbados**

Früh um 7 Uhr vor Anker gegangen. Für die Besatzung war um 10 Uhr Landgang. Neu für uns, die Farbigen kamen mit unseren Tendern von Land und sprangen kurz vor dem Schiff ins Wasser. So blieben Sie 4-5 Stunden schwimmen

Geldtaucher auf Barbados vor der ***Hanseatic***

und riefen immer wieder: „Give me a Quarter" 0,25 $! Es hat fürchterlich geregnet, trotzdem nehmen wir ein Taxi und fahren zum Beach nach Barkley zum Accra Hotel. Das offene Meer ohne Haie, herrlich warme Brandung. Ein Traum! Um 15 Uhr der letzte Tender zu unserem Schiff, wir mussten um 16 Uhr wieder im Salon sein. Leinen los gegen 18 Uhr.

**Dienstag 18.10.1960**

Haben heute den ganzen Tag volles Haus im Salon. Ich habe 20 Kunden für den Apachen Abend hergerichtet. 100 $ eingenommen. Es wurde heute sehr spät, noch einen Drink, und ab in die Koje um 24 Uhr!

**Mittwoch 19.10.1960**

**Curacao**

Wir haben eine „Spazierfahrt" gemacht, drei Stunden zu früh, die Festmacher fangen erst um 6 Uhr morgens mit ihrer Arbeit an. So lagen wir zwar an der Pier, waren aber noch nicht vertäut. Um 12 Uhr an Land gegangen. Ernst, Mecki und ihr Freund, einer aus der Maschine warteten schon auf mich an der Brücke. Wir sind mit dem Taxi in die Stadt. Es war wieder sehr heiß, habe mir eine Badejacke, Kastagnetten und Oberhemden für die drei – Gü, Heinz, Gerd – gekauft. Einige Kakteen mitgenommen für meine Kabine. Um 15 Uhr mussten wir wieder an Bord sein, um 17:45 Uhr legten wir ab. Keine Post von Klaus, schade. Was er wohl macht?

Im Ölhafen von Curacao, Heidi Jorek mit einem Bäcker vor der ***Hanseatic***

**Donnerstag 20.10.1960**
Im Salon ist die Hölle los, Kostümfest! Es ist 23 Uhr, wir sind alle ganz fertig. Noch an Deck mit einem Drink, sehr heiß 30 Grad.

**Sonnabend 22.10.1960**
**Auf See**
Haben ganz schlechtes Wetter, die Passagiere, die bei uns einen Termin haben, sind nicht gekommen. Seekrank. Günter kam mit Sandwiches vorbei, etwas zu essen ist immer gut. 750 Amis haben wir seit Port Everglades an Bord. Wir haben jetzt fünf Kurzreisen vor uns, immer mit neuen Passagieren.

◀ Party der Salon-Crew,
im Vordergrund der Chef Herr Klamann

**Sonntag 23.10.1960**
**Port Everlades**
Gutes warmes Wetter, an der Pier um 6 Uhr früh fest. Mussten zur Immigration mit Seefahrtsbuch, war nie dagewesen so eine Kontrolle. Wir konnten erst um 11:30 Uhr von Bord, sofort mit dem Taxi nach Fort Lauderdale. Ich musste mir zwei Kleider kaufen. Zurzeit ist hier Winter bei 35 Grad! Auf der so fantastischen Ozeanstraße fuhren wir zurück zum Schiff. Den Salon um 15 Uhr geöffnet, um 17 Uhr Leinen los. Die Aus- und Einschiffung war perfekt, zack-zack. Segler begleiteten uns bis aufs Meer hinaus, unsere Bordkapelle spielte dazu, Romantik pur! Haben Gü im Alsterclub besucht. Habe von Klaus drei Briefe und von Mutter einen Brief bekommen.

**Montag 24.10.1960**
**Auf See**
Mit neuen Passagieren ist immer Unruhe an Bord, sie fragen einem Löcher in den Bauch. 23 Uhr, gute Nacht mein lieber Klaus!

**Dienstag 25.10.1960**
**Montego Bay**
Auf Reede um 10 Uhr. Es regnet fürchterlich bei sehr unruhiger See. Die Besatzung durfte nicht an Land.

**Mittwoch 26.10.1960**
**Port au Prince, Haiti**
Um 10 Uhr vor Anker. Wir haben bis 11:30 Uhr gearbeitet, um 13 Uhr von Bord. Francis wartete schon auf mich. Wir waren bei dem Deutschen mit der Likörfabrik. Zum Abendessen war ich wieder an Bord. 22 Uhr, Tschüss Haiti. Habe lange noch achtern gestanden.

**Donnerstag 27.10.1960**
Ruhige See. Haben massenhaft Seifen, Parfüm usw. verkauft. Chef lobt mich, sehr gut Heidi!

**Freitag 28.10.1960**
**Port Everglades**
Um 9 Uhr festgemacht. Ausschiffung. Es wurde für die neuen 750 Passagiere klar Schiff gemacht. Meine Kollegin Brigitte kam zu mir mit der Nachricht, dass wir den Laden erst um 16 Uhr öffnen. Ich ging von Bord, traf einen Steward, welcher Motorboot fahren wollte, eine Stunde 9 $. Wir sausten durch die Kanäle bis Miami. Auch die prachtvolle Ozeanstraße, von See her einfach Spitze. Ich war kurz vor 16 Uhr an Bord, die Einschiffung war in vollem Gange. Heidi, zack-zack, und schon war ich salonfähig, neue Passagiere begrüßen. Es wurde 18 Uhr, der Chef lud ein zu einem Drink, eine Silberplatte vom Feinsten folgte. Der Küchenchef lässt grüßen!

**Sonnabend 29.10.1960**
**Auf See**
Haben nicht viel zu tun, war auch sehr müde, die Nacht war lang.

**Sonntag 30.10.1960**
**Montego Bay**
Vor Anker um 10:30 Uhr, das Ausbooten ging zügig voran. Um 13 Uhr konnten wir an Land, 10 Minuten mit dem Tender. Manfred, Mecki, ein Steward und ich heuerten ein Taxi, wir wollten uns die Hafenstadt, welche im N.W. Jamaikas liegt anschauen. Schlechtes Wetter, sodass wir um 14:30 Uhr wieder den Tender zum Schiff nehmen. O Schreck, der Anker hatte sich gelost, die *Hanseatic* trieb ab. Eine Stunde brachten wir bei schlechtem Wetter im Tenderboot zu, bis wir an Bord durften! Endgültige Abfahrt 17:30 Uhr. Mannschaftsabend war angesagt, von 20-22 Uhr. Wir sagten Hunger und es wurde gebracht, mit besten Grüßen vom Küchenchef. Um 23:30 Uhr rief meine Koje.

Tenderboot der ***Hanseatic***

**Montag 31.10.1960**
**Port au Prince, Haiti**
10:15 Uhr, wir liegen vor Anker. Gegen 12:30 Uhr habe ich den Tender an Land genommen. Francis wartete schon auf mich. Haben auf dem Berg unseren deutschen Freund besucht, er schenkte uns eine Flasche Mango-Likör. Der Salon ruft, von 16:30 bis 18 Uhr hatte ich Dienst, noch schnell in die Messe, gut gegessen, und dann ab mit dem Tender an Land. Eine Holzschüssel gekauft, 2 $, Francis Tschüss gesagt. Er brachte mich zum Boot, ich merkte er war traurig. Ausgelaufen um 22 Uhr, ich war am Achterdeck, Tschüss Haiti, wir kommen wieder.

**Dienstag 1.11.1960**
**Auf See**
Hatten sehr viel zu tun, nach dem Abendessen den Salon geputzt.

**Mittwoch 2.11.1960**
**Port Everglades**
Auf zur 3. Reise! Um 9 Uhr fest an der Pier. Ausschiffung. Habe Post von Klaus und Muttern. Die Immigration kam an Bord, große Kontrolle. Ab 10:30 Uhr frei, meine Kabine geputzt, Post erledigt. Um 11:30 Uhr in die Messe, anschließend in die Koje. Mecki und Ernst sind an Land. 15 Uhr Kaffeezeit und Heidi legt sich in die Sonne an Deck. Gü kam auch, er musste alles vorbereiten für die Einschiffung um 19:30 Uhr. 550 Passagiere. Um 22:30 Uhr legten wir ab, unsere Kapelle spielte, ein herrlicher Tag.

**Donnerstag 3.11.1960**
**Auf See**
Wie immer mit neuen Passagieren. Bootsmanöver, danach in den Salon die Ladies begrüßen, Amis sind sehr neugierig!

**Freitag 4.11.1960**
…und viel Seegang. Die Passagiere gehen mit den berühmten Brechtüten durch die Gänge. Aber Heidi ist seefest!

**Sonnabend 5.11.1960**
**St. Thomas, Virgin Island**
Vor Anker. Ich hatte frei bis 16 Uhr. In 15 Minuten sind wir mit dem Tender an Land. Wir heuerten ein Taxi zum Morningstar Beach, ein Wahnsinns-Strand, weißer Sand, heiß, die Brandung einfach toll. Zurück an Bord, Gü hat schon auf mich gewartet mit seiner weißen Hose – ich ging zu den Chinesen zum Bügeln! Am Abend wollten wir die berühmte Steelband hören. Mit Gerd und Gü an Land 21:30 Uhr. Mit dem Taxi zur Bar, es war ein Traum, die braunen Mädchen und Männer tanzen in den hübschen bunten Kostümen. Gü der Barmixer staunte immer wieder über die so fantastischen Mixdrinks. Um 24 Uhr mussten wir an Bord sein. Es war wieder mal ein Tag, der nicht zu beschreiben ist, man muss es erlebt haben! Traumhaft! Oh Schreck, wir kommen zur Pier, ein Krach, blutige Köpfe. Zwei unserer Jungs aus der Küche hatten einen Preis fürs Taxi ausgehandelt, der Fahrer wollte 2 $ mehr, wir ordneten dieses. Der Einheimische bekam seine 2 $, unsere Jungs brachten wir ins Hospital an Bord. Um 2 Uhr nachts hörte ich den Anker, es geht weiter. Tschüss St. Thomas. (Habe von Gü St. Thomas in Gold bekommen!)

Heidi Jorek mit Bord-Liegestühlen

**Sonntag 6.11.1960**
**San Juan, Puerto Rico**
Gegen 8:30 Uhr auf Reede, ein sehr schöner Hafen, um 10 Uhr nehme ich das Boot an Land. Die Stille machte uns stutzig. Heute ist Sonntag, die Geschäfte hatten geschlossen. Wir liefen durch die Straßen, trafen keine Menschenseele, also mit dem Tender zurück an Bord. Um 15 Uhr im Salon, heute ist Apachen Abend für die Gäste.

**Montag 7.11.1960**
**Auf See**
Herrliches Wetter, aber Seegang. Rollen ist angesagt. Haben sehr viele Kunden, heute ist Kostümfest.

**Dienstag 8.11.1960**
**Nassau, Bahamas**
Sollten um 9 Uhr vor Anker liegen, es wurde 11:30 Uhr. Die Besatzung konnte nicht an Land. Die Dünung war so stark, der Tender brauchte eine halbe Stunde bis an Land. So ging ich von 12-15 Uhr auf das Peildeck in die Sonne. Die Jungs haben geangelt, für die Wäscherei an Bord. Die Chinesen haben sich selbst bekocht. Die Wäscherei im Bauch des Schiffes, alles kleine Menschen, gehen nie an Land. Wir bekommen sie nie zu sehen, außer so wie ich, wenn ich eine Hose für die Jungs zum Bügeln hatte. Um 18 Uhr ging es endlich weiter.

**Mittwoch 9.11.1960**
**Port Everglades**
Sehr früh, 6 Uhr, an der Pier. Wie immer mussten wir zur Immigration, danach bis 11:30 Uhr der Mannschaft die Haare schneiden. Unser Chef ein Schatz, ab sofort hatten wir frei bis 7 Uhr früh.

**Freitag 25.11.**
**New York**
13:30 Uhr festgemacht, Pier 97, 57. Straße. Bin gleich an Land mit Mecki und Ernst. Um 15:30 Uhr zum Kaffee wieder an Bord. Mit Gü und Gerd gesprochen, beide hatten einen Kater. Sie gingen in die Koje, ich spazierte an Land. Es wurde sehr kalt, also kaufte ich mir eine Winterpelzimitation in Weiß mit brauner Kapuze. Die Kälte und der Hunger trieben mich an Bord zurück. So scheuchte ich Heinz in die Küche, er brachte belegte Brote.

**Sonnabend 26.11.1960**
Einschiffung. Wir haben nur 250 Passagiere. Ich war am Vorschiff, als wir um 12 Uhr ablegten. Nun geht es acht Tage über den Atlantik, um diese Jahreszeit Sturm und 10 m hohe Wellen!

**1. Adventsonntag 27.11.1960**
**Auf See**
Wie immer mit neuen Passagieren um 10 Uhr Bootsmanöver. Carl Heinz Hoffrichter hat Geburtstag, und unser Chef hat wohl einen Whisky zu viel gehabt, so hat er einen Taler gefunden!

**Montag 28.11.1960**
Richtung Cuxhaven. Noch einigermaßen gutes Wetter. Für die Nacht wurde 4-5 angesagt, das heißt alles, was umfallen kann, in Sicherheit bringen.

**Dienstag 29.11.1960**
Ruhe im Schiff, die wenigen Passagiere sind seekrank.

**Mittwoch 30.11.1960**
Ein Wellengang, meterhoch von vorn. Das Schiff stampft sich durch, hebt den Bug und knallt runter in den von Welle zu Welle leeren Raum!

▲ Die Skyline von New York im Jahre 1960 ▼

**Sturm im Atlantik auf Deck der *Hanseatic***

**Donnerstag 1.12.1960**
Wenige Passagiere suchen unseren Salon auf, so beschließen wir Party zu machen. Abschied und wir alle freuen uns auf ein Wiedersehen.

**Freitag 2.12.1960**
Es ist kalt, und noch zwei Tage bis Cuxhaven. Die Stimmung der Besatzung ist bedrückt. Wie geht es weiter, keiner wollte mit Freude das Schiff verlassen, es ist doch unser zu Hause!

**Sonnabend 3.12.1960**
Party mit Gerd, Gü, Heinz und ein paar Köchen, welche uns immer gut versorgt haben – mit Extras! Die Luken wurden dichtgemacht, wir erwarteten Sturm in der Nacht. In der Koje war kein Schlafen mehr möglich, so nahmen wir die Matratzen auf den Fußboden – eine Seefahrt die ist lustig!

**Sonntag 4.12.1960**
Der letzte Seetag. Im Salon ist viel los. Morgen gegen Mittag legen wir in Cuxhaven an. Wir waren durch die schlaflose Nacht müde, aber trotzdem saßen wir am Abend noch im Salon zusammen. Lagebesprechung: Wir waren uns einig, dass wir uns alle wiedersehen!

**Montag 5.12.1960**
11:30 Uhr, wir sind eben an Helgoland vorbei, jetzt wird es ernst. Wir sind noch für drei Stunden im Salon, der Ordnung wegen. Bis zum 26.12. bleibt er geschlossen. In Cuxhaven sollen wir um 14 Uhr an der Pier sein. Steubenhöft. Alles OK. Ausschiffung, ein Teil der Besatzung, die nach Süddeutschland mussten, fuhr mit dem Zug. Wir aus Hamburg blieben an Bord, machten um 20:30 Uhr an der Überseebrücke fest. Noch eine letzte Umarmung von meinen Jungs, bis bald! Meine Eltern und Schwester Gisela standen am Pier. Nun war ich wieder im

Knast! Leider fühlte ich so. Unser Schiff ging in die Werft, die Maschine hatte Schmerzen.

**Dienstag 27.12.1960**
**Hamburg Überseebrücke**

Wir starten zur großen Nordafrika Silvesterreise. Um 8 Uhr musste die Besatzung an Bord sein. Ich hatte meine Kabine im A-Deck 58 wieder, schön, zu Hause. Bootsmanöver von 9-10 Uhr. Alle Boote kontrolliert, alles OK. Es ist sehr kalt. Mein lieber Klaus hat mich an Bord gebracht, er ist kurz vor der Abfahrt nach Cuxhaven von Bord. Klaus ist bei der Marine, er hat dort seine Aufgabe und ich auf meinem Schiff. Leider haben sich unsere Schiffe nie in einem fremden Hafen getroffen. Tschüss mein Schatz, Tschüss Hamburg! Um 12 Uhr heißt es Leinen los, ab nach Cuxhaven. Dort warten 700 Passagiere auf uns, um 18 Uhr sind wir am Pier fest. Gute Einschiffung. Überraschung, mit Ablegen wurde für uns ein vorverlegtes Silvesterfeuerwerk gestartet!

**Mittwoch 28.12.1960**
**Im Kanal, Southampton**

Ungemütlich kalt. Um 21 Uhr fest an der Pier. Wir haben einen Haufen Waren bekommen, bis spät am Abend wird ausgepackt. Noch 150 Engländer dazu, um 23:30 Uhr abgelegt.

**Donnerstag 29.12.1960**
**Auf See**

Oh je, die Passagiere stürmen unseren Laden!

**Freitag 30.12.1960**

Zehn Hände müsste jeder von uns haben, bei 850 Passagieren! Bis 23 Uhr gearbeitet, Tipp war sehr gut!

**Samstag 31.12.1960**
**Silvester Lissabon, Portugal**

Um 8 Uhr an der Pier. Der Laden brummt. 12 Uhr, schnell in die Messe, dann an Land. Ein Taxi wartete schon an der Pier, für die Besatzung waren es andere, günstigere Preise: eine Stunde Rundfahrt 2,50 $. Es ist eine wunderschöne saubere Stadt mit dem weltberühmten Ritz Hotel. Der Krieg hat diese Stadt verschont, zum Dank wurde eine riesige Statue „Christus am Kreuz“ errichtet. Von der Ruine auf dem Berg sieht man eine 200 Jahre alte Kogge mitten im Fluss verankert. Leider mussten wir Abschied nehmen von dieser prachtvollen Stadt, ein Blumenmeer, Kamelien und Mimosen! Um 14 Uhr in den Salon, die Passagiere warteten schon auf uns. Wir legten ab um 20 Uhr, bis 22 Uhr gearbeitet. Plötzlich ein Seegang, im Salon fiel alles um, was nicht fest verzurrt war. Wir waren doch schon so müde, und dann das noch! Ich legte mich für 30 Minuten in meine Koje. Unser Chef hat uns um 23 Uhr zum Sekt und kalter Platte eingeladen. Es wurde Mitternacht. Unser Schiffshorn dröhnte und die Glo-

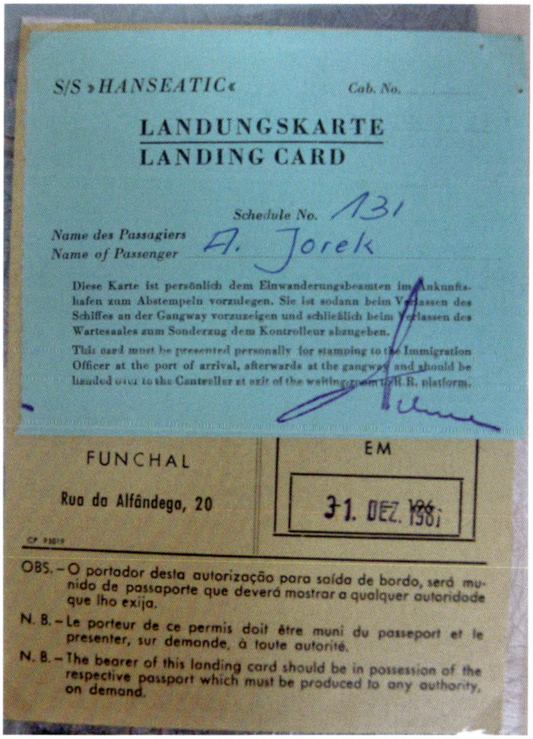

S/S »HANSEATIC« Cab. No.

LANDUNGSKARTE
LANDING CARD

Schedule No. 131

Name des Passagiers / Name of Passenger A. Jorek

Diese Karte ist persönlich dem Einwanderungsbeamten im Ankunftshafen zum Abstempeln vorzulegen. Sie ist sodann beim Verlassen des Schiffes an der Gangway vorzuzeigen und schließlich beim Verlassen des Wartesaales zum Sonderzug dem Kontrolleur abzugeben.

This card must be presented personally for stamping to the Immigration Officer at the port of arrival, afterwards at the gangway and should be handed over to the Controller at exit of the waiting-room to R.R. platform.

FUNCHAL

Rua da Alfândega, 20

EM

31. DEZ. 196

OBS. – O portador desta autorização para saída de bordo, será munido de passaporte que deverá mostrar a qualquer autoridade que lho exija.

N. B. – Le porteur de ce permis doit être muni du passeport et le presenter, sur demande, à toute autorité.

N. B. – The bearer of this landing card should be in possession of the respective passport which must be produced to any authority, on demand.

So genannte Landungskarte von Heidi Jorek

cken vom Michel kamen über Lautsprecher. Es wurde für eine Minute still. Unser Schiff lag im Atlantik, keine Maschine war zu hören. Vom Promenadendeck trug der Wind das Glockenläuten von Land und das Feuerwerk herüber zu uns. Eine Atmosphäre, die nicht zu beschreiben ist. In Hamburg hat das Neue Jahr eine Stunde früher angefangen. Ich werde morgen mit Muttern telefonieren. An Deck wurde es kühl, wir gingen in die Tischlerei bis 2:30 Uhr. Auf dem Weg in meine Kabine traf ich Heinz, er hatte eine Flasche Sekt im Arm, um mit mir anzustoßen. Leider kann ich Klaus nicht telefonisch erreichen. Gutes Neues Jahr!

**Sonntag 1.1.1961**
**Neujahr Tanger, Marokko**

Habe nur drei Stunden geschlafen, aber mir geht es gut. 7:30 Uhr Frühstück, von 8-12 Uhr gearbeitet. An der Pier um 13 Uhr fest, es ist kalt. Die lange Pier ist voll mit Händlern: Teppiche, Decken Ledertaschen. Alle schreien sie durcheinander. Wir gehen an Land. Achmed, ein deutsch sprechender Marokkaner, führte uns für ein paar Dollar durch die Stadt. Es ist hier sehr gefährlich für uns, alle Mädchen über 18 Jahre müssen den Kaftan und den Schleier, welcher nur die Augenpartie freilässt, tragen. Der Palast des Sultans nur vom Feinsten wurde vor 200 Jahren erbaut. Habe mir einen Koffer aus Rindsleder für 10 $ gekauft. Um 18 Uhr mussten wir an Bord sein, um 20 Uhr legten wir ab.

**Montag 2.1.1961**
**Casablanca, Marokko**

Um 8 Uhr an der sehr schönen sauberen Pier, warmes Wetter. Die Damen halten uns auf Trab, so konnten wir, der Chef und Rolf erst um 12 Uhr an Land. Die bunten Ladenstraßen sind so gestaltet, dass der Himmel kaum zu sehen ist. Heute war ein besonderer Tag. Nasser (Staatspräsident von Ägypten) und vier Sultans gaben sich die Ehre. Im Araberviertel war es so laut, all die dunkel gekleideten Gestalten. Wir beeilten uns, aus diesem Viertel herauszukommen. Brauche noch eine große Ledertasche, 8 $ gab ich dafür. Den Salon mussten wir um 17 Uhr öffnen, um 20 Uhr Feierabend. Gü und Heinz gingen noch an Land. Ich habe mir das Spektakel von Bord angesehen, fast genau um 24 Uhr legten wir ab.

**Dienstag 3.1.1961**
**Auf See**

Haben wahnsinnig viel zu tun, aber es rollen keine US-Dollar. Mark, Mark. Wir sind völlig fertig, Kostümverleih auch noch. Um 23 Uhr in die Koje gefallen.

**Mittwoch 4.1.1961**
**Santa Cuz de Teneriffa**

Ankunft an der Pier um 8 Uhr, Sonnenschein, warm. Ich hatte frei, lange geschlafen, und gut gegessen. Wir fuhren in die Berge, die Sicht bis zum Hafen einfach prachtvoll. Ich kaufte mir ein flaschengrünes Wildlederkostüm. Wir verließen diesen Hafen um 2:30 Uhr in der Nacht.

**Donnerstag 5.1.1961**
**Las Palmas**

Ankunft 8 Uhr, es regnet. Habe Dienst bis 12, dann eine Stunde in die Koje, dann ab in die Messe. Ich schaute aufs Promenadendeck und auf die Pier. Voll mit Händlern, es war laut, alle schrien durcheinander: Tischdecken, Puppen, Schmuck. Alles sehr teuer. Ich ging nicht an Land, bis zur Stadt eine halbe Stunde. Unser Terminkalender ist voll, das heißt Arbeit. Also erst Koje, dann Kaffee trinken und ab in den Salon. 21:30 Uhr Feierabend. Wir machen uns noch die Haare, der Chef hat eine Fleischplatte besorgt, aus der Küche. Abgelegt 18 Uhr bei Regen und Seegang.

Die ***Hanseatic*** liegt auf Reede vor dem Hafen von Funchal auf Madeira

Auf dem Weg zum Schiff am Pier in Funchal

Die ***Hanseatic*** an der Pier

Ein Transportmittel auf Madeira: Ochsenkarren

Heidi Jorek vor der ***Hanseatic*** **auf Reede**

**Freitag 6.1.1961**
**Funchal, Madeira**
Wir liegen auf Reede, es ist 9 Uhr. Wetter schön. Mit einigen Stewards mit dem Taxi in die Berge zu einem Weingut. In 950 m Höhe eine prachtvolle Kirche. Karl, der letzte Kaiser von Österreich ist hier begraben. Bergab ging es mit einem riesigen Holzschlitten, den zwei Männer lenkten. Fast unten angekommen erwartete uns eine Ochsenkarre, die uns bis zur Pier brachte. Von 16-19 Uhr Dienst. Ein Bekannter holte uns um 19:30 Uhr ab und zeigte uns sein prachtvolles Haus. Ich habe mir eine sehr große gestickte Tischdecke für zwölf Personen gekauft. Mit Servietten… und eine Kleine mit Pfauen ausgestickt! Um 24 Uhr Abschied von der Blumeninsel der Silvesterreise.

**Sonnabend 7.1.1961**
**Auf See**
Sehr viel zu tun. Die Neureichen zum Überbordwerfen, wieder bis 20 Uhr gearbeitet. Eine Stunde vorstellen, 23 Uhr die Koje ruft. Heute ist das große Blumenfest. Auf Madeira hat der Kapitän für 4.000 DM Blumen gekauft.

**Sonntag 8.1.1961**
Es ist kalt, der Atlantik bringt Windböen, die es nicht erlauben im Liegestuhl ein Nickerchen zu halten, also ab in die Koje.

**Montag 9.1.1961**
Ein Lob an die Amerikaner, die können sich benehmen. Auch die Stewards sind sauer, kein Tipp von den snobbigen Germanen. Essen, nein

Fressen sich durch die Speisekarte. Nur gut, dass wir unseren Chef haben der sagt an, wie es lang geht. Sehr viel Seegang, der Frühjahrssturm hat uns erwischt, aber trotzdem ist unser Salon voll. Dann auch noch Mannschaftsabend. Oje, 23 Uhr, jetzt ist Feierabend. Gute Nacht.

**Dienstag 10.1.1961**
**Southampton**
Die Nacht war sehr unruhig, wir schaukelten wie eine Nussschale. Um 7 Uhr an der Pier, dunkel und kalt. Unsere englischen Passagiere gingen von Bord, noch Ware bekommen, viel Arbeit. Um 8:30 Uhr legen wir ab. Von Klaus zwei Briefe bekommen, er kann mich nicht abholen. Meine Taschen sind schon gepackt, um 1:30 Uhr ruft meine Koje.

**Mittwoch 11.1.1961**
**Cuxhaven**
Wir haben gerade das Feuerschiff *Elbe 2* passiert. Um 10 Uhr machen wir fest, unser Salon ist geschlossen. Ausschiffung 700 People, hatten wir nichts mit zu tun, unser Zug geht um 12 Uhr nach Hamburg. Gü und Gerd waren auch dabei. Die Stewards blieben an Bord und machten klar Schiff. In drei Tagen fahren wir wieder raus. Von Klaus keine Spur, ich nahm ein Taxi zu meinen Eltern. Klaus rief ich in Flensburg an, treffen uns am Freitag.

**Donnerstag 12.1.1961**
Komme nicht zur Ruhe, meine Schwester ist sehr traurig.

**Freitag 13.1.1961**
**Flensburg**
Mein Zug fährt von Altona um 10:15 Uhr. Klaus hat mich in Flensburg abgeholt, es regnet. Leider haben wir nicht viel Zeit füreinander, ich muss den letzten Zug um 20:35 Uhr nach Hamburg haben. Klaus ist traurig, was soll ich machen … Ich habe Klaus sehr lieb!

**Die *Hanseatic* auf einer zeitgenössischen Postkarte**

▲ Sturm im Atlantik ▼

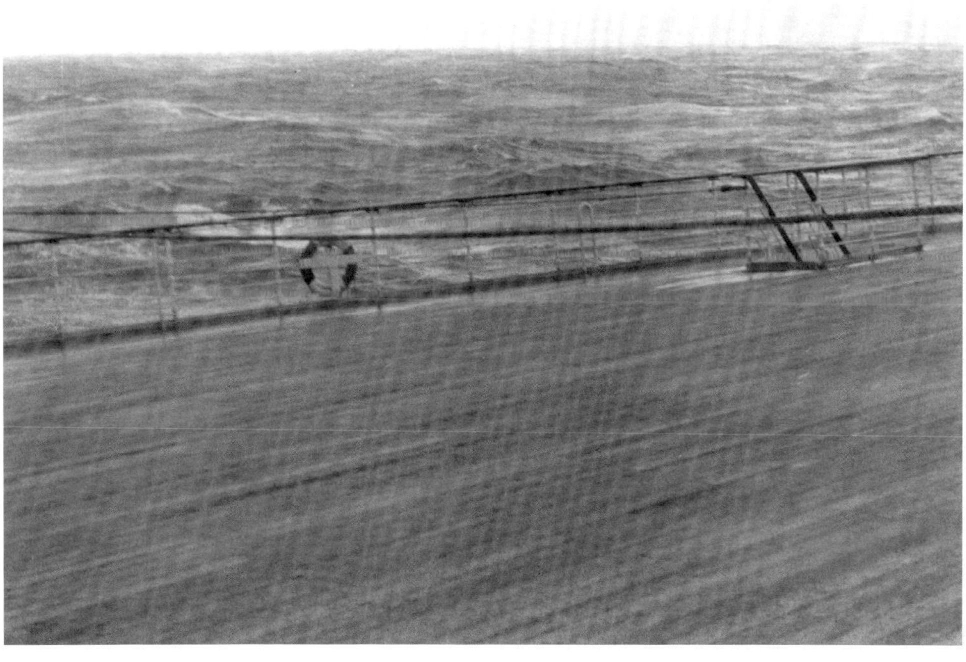

**Sonnabend 14.1.1961**
**Hamburg, Cuxhaven**
Geschafft, mein Zug nach Cuxhaven geht um 16:23 Uhr, wir haben eine große Reise vor uns. Drei Monate Westindien, ich bin froh – Klaus passt es gar nicht – ich will nicht an Land bleiben! Abfahrt Cuxhaven 20 Uhr. Mit 200 Passagieren über den großen Teich, acht Tage Sturm!

**Sonntag 15.1.1961**
**Auf See**
Heute eine Stunde Uhr vorstellen, alle sind wieder an Bord. Gü, Heinz, Mecki und Ernst. Der Drink schmeckt, so saßen wir in meiner Kabine. Wir haben fast Urlaub bei 200 Passagieren, tut gut.

**Montag 16.1.1961**
Heute Bootsmanöver. Habe den ganzen Vormittag unsere Kostüme gebügelt. Zur Mittagszeit kam Gü, wir sind an Deck mit Decke in den Liegestuhl. Er erzählte mir von seinem Hamburg-Aufenthalt, war nicht so prickelnd, aber die See und die Ferne lassen vergessen. Er will die Scheidung. Im Salon wenig zu tun, so bekam ICH eine Frisur und Farbe!

**Dienstag 17.1.1961**
Tüchtig Seegang, nur gut, Heidi ist nicht mehr seekrank! Wenig Passagiere trauen sich in den Salon, seekrank oder Geldmangel. Wir sind nicht traurig darüber. Ich hatte frei bis zur Nachmittagsschicht. In der Messe traf ich Gü, wir haben zusammen gegessen. Im Alsterclub ist heute Abend der Kapitän zu Gast, er hat Familie an Bord. Gü muss bis 4 Uhr anwesend sein. Der Atlantik hat uns mit riesigen Wellen bedacht. Das ganze U-Deck schwimmt. Ein riesiger Brecher ging übers Vorschiff. Die Welle hat so eine Wucht, dass zwei Türen aufgedrückt wurden. Mich fragten einige Passagiere ob ich Angst habe hier auf unserem Schiff. Nein, warum sollte ich, der Gott der Seefahrer beschützt uns! Nach dem Abendbrot gemütlich bei Musik. Mein Plattenspieler mit Radio funktioniert gut. Luftschlösser gebaut! Meine Herren hatten immer etwas zu erzählen – was Klaus wohl macht?

**Mittwoch 18.1.1961**
Sturm und hohe Wellen. Unsere Bullaugen hat Ernst, Meckis Freund, mit Stahlklappen dicht geschraubt. Tampen wurden quer übers Achterdeck gespannt. Das sieht nach einer Horror-Nacht aus. Nur wenige Passagiere krochen aus ihren Kabinen, im Salon hatten wir Pause. Die Stummen Diener und Sessel im Salon rutschten von einer Ecke in die andere, die Lockenwickler rollten durch den Raum. Im Speisesaal rutschte das Geschirr samt Tischdecke auf dem Boden herum. Polterabend. Ich habe schon Stürme miterlebt, aber dieser 18.1.1961 Tag und Nacht war eine Spezialanfertigung! Trinken ging nur aus der Flasche, belegte Brote dazu. OK, es ist zum Lachen, wie oft ich den Mund verfehlt habe! Es waren die Ausläufer eines Hurrikans. Gut, dass wir weit genug von Amerika entfernt waren. Wir hätten sonst als U-Boot geendet – why not!

**Donnerstag 19.1.1961**
Wir haben überlebt! Der Sturm hat nachgelassen. Jeder von uns Friseuren hat einen halben Tag zum Ausschlafen, war ein Muss! Wieder normal in der Messe gegessen, und gut geschlafen. Der Abend verlief gemütlich. Meine Jungs kamen mit einer Kiste Bier und Sandwiches. Spät gingen wir an Deck, wir hatten nur noch Wind und Wellen.

**Freitag 20.1.1961**
Die Passagiere sind wieder lebendig, viel zu tun. Heute Apachen Abend. Der fiel fast aus, denn aus Wind und Wellen wurde gegen 21 Uhr Sturm. Windstärke 11! Die Brecher gehen über Bord – wir werden doch noch zum U-Boot! Schlaflose Nacht.

**Sonnabend 21.1.1961**
Wieder ein Geisterschiff auf dem Weg nach New York! Der Sturm soll im Laufe des Nachmittags nachlassen. Gü, Heinz und Hans haben sich zum Skat verabredet, ich wollte nicht! Müde, Essen, und ab in die Koje.

**Sonntag 22.1.1961**
Der letzte Seetag vor New York. Es wird ruhiger, die See ist noch fast schwarz, kein gutes Zeichen. Gü ist sehr besorgt um mich, ich habe wenig geschlafen, aber mir geht es gut.

**Montag 23.1.1961**
**New York**
Es waren sehr harte Tage über den Atlantik. Es ist nur zu ertragen, zu meistern, mit einer Besatzung, wo einer für den anderen da ist. Wir haben es gleich geschafft, es ist 10:30 Uhr, klar vorn und achtern. Über New York ist Schnee gefallen, es ist zu kalt. Die Immigration haben wir auch hinter uns, die Checkliste mit allem einzeln eingetragenen Eigentum abgegeben. Bis zum Bootsmanöver um 14 Uhr mussten wir an Bord bleiben. Gerd kam an Bord, er lebt jetzt hier bei seiner Freundin. Gü war fast blau, ich packte ihn in die Koje. Um 16:30 Uhr gingen wir an Land, Mecki und Ernst warteten auf uns bei Alfonso, einer Bar mit Musik und Tanz, wo wir bis 21 Uhr blieben. Es war gleich an der Pier, schnell an Bord, um 22 Uhr legen wir ab, ohne Passagiere nach Port Everglades. Wir alle brauchten eine Ruhepause, und unser Schiff musste aufgeklart werden.

**Dienstag 24.1.1961**
Wieder auf See, aber in ruhigen Gewässern. Haben unseren Salon aufgeräumt, und das kaputte Geschirr und Gläser ersetzt. Das Wetter wird wärmer, Party am Abend.

Pier in New York im Vordergrund vermutlich die ***Saxonia*** im Hintergrund die ***Queen Elizabeth***

Schlepper in New York neben der ***Hanseatic***

**Mittwoch 25.1.1961**
Habe den ganzen Nachmittag frei, bei Musik an Deck im Liegestuhl. Gü rief: Komm, der Koch hat für uns eine große Platte mit allerlei Leckereien gerichtet! Heidi hatte immer Hunger … für mich wurde immer gesorgt. Habe an Klaus und Mutter geschrieben.

**Donnerstag 26.1.1961**
**Port Everglades**
Am Pier 8 Uhr. Wir sind bereit für die neuen Passagiere, es sollen 415 sein. Einschiffung 10 Uhr, alles ging gut voran. Post von Klaus und Muttern! Ablegen 17 Uhr, ab in die Sonne, Kurztrip, 2-Tages-Tour!

**Freitag 27.1.1961**
**Nassau, Bahamas**
An der Pier 8 Uhr, ich hatte frei bis 16 Uhr. Bin gleich an Land. Wir mieten ein kleines Boot, es brachte uns zur Paradise Bay, schöner weißer Sandstrand. Um 15 Uhr zum Dienst wieder an Bord. Abendbrot und ab an Land. Für die Passagiere veranstaltete man eine zweistündige Show mit Feuertanz, Limbo … wir waren eingeladen, und es wurde spät.

**Sonnabend 28.1.1961**
Dienst von 8-12 Uhr, drei Frisuren. Ich blieb an Bord und machte es mir an Deck gemütlich. Ablegen 17 Uhr, Heinz und Gü kamen auf einen Drink.

**Sonntag 29.1.1961**
**Port Everglades**
Um 8 Uhr an der Pier. Sofort Ausschiffung, kein Landgang. Salon um 14 Uhr geöffnet, Einschiffung von 700 Passagieren. Abgelegt um 16:15 Uhr, Bootsmanöver, Gü Haare geschnitten.

Im Liegestuhl auf dem Sonnendeck 1. Klasse

▼ Party mit Kapitän Pabst ▶

Strand auf Jamaica

Die ***Hanseatic*** auf Reede vor Kingston

**Montag 30.1.1961**
**Auf See**
Ernst hat Geburtstag. Der Kapitän hat Alkoholverbot verhängt. Mit an Bord bringen von Rum verboten! (Morgen Jamaika). Nach getaner Arbeit lege ich mich an Deck in die Sonne. Am Abend Geburtstagsparty. Heinz brachte Kaviar, Gü Rum, ich Cola, Ernst Brot.

**Dienstag 31.1.1961**
**Kingston, Jamaica**
Auf Reede 8 Uhr. Für drei Stunden zum Baden zum Myrtel Bank Hotel. Ab 15 Uhr Dienst, weiter nach Port au Prince.

**Mittwoch 1.2.1961**
**Port au Prince, Haiti**
Auf Reede 8 Uhr, wir liegen weit draußen, 15 Minuten mit dem Tender. Ich, Heinz und Gü hatten bis 15 Uhr frei. Francis wartete schon mit dem Taxi auf uns. Wir fuhren ins Castle de Haiti, drei herrliche Stunden mit Tanz und Musik. Um 14:30 Uhr mit dem Tender zurück an Bord. Nach Feierabend noch einige Stunden in der Tischlerei verbracht. Bei Abfahrt an Deck, der Himmel ein wunderbares Abendrot. Wau, was ein guter Tag. Meine Jungs sind Spitze!

**Donnerstag 2.2.1961**
**Nassau, Bahamas**
Um 7:30 Uhr liegen wir an der Pier. Ich habe frei. Wir fahren mit dem Taxi in die Stadt, ich brauche Schuhe. Es ist sehr warm, heiß. Ein paar Passagiere waren nicht pünktlich an Bord, Ablegen erst 19 Uhr.

**Freitag 3.2.1961**
**Miami/Port Everglades**
7:45 Uhr an der Pier, Frühstück. 7:30 Uhr bis 11:30 Uhr Salon geputzt, zu Mittag gegessen. Gü war auch da, er konnte nicht mit in die Stadt. Mit Mecki, Ruth und Ernst ein Taxi genommen. Ein neues Oberhemd für Gü gekauft, er braucht es für die Einschiffung. Wir erwarten 520 Passagiere. Um 22 Uhr sollten wir ablegen, es wurde 1:30 Uhr. Es fehlten einige Passagiere aus New York. Wir waren an Deck, Gü kam mit Drinks.

**Sonnabend 4.2.1961**
**Auf See**
Ruhige See, sehr warm, schwül. Im Salon war der Teufel los, gute Tipps 15 $. Bis 22 Uhr gearbeitet. Bootsmanöver.

**Sonntag 5.2.1961**
Gut gelaunte Leute, auch die Stewards sind zufrieden. Am Abend treffen wir uns im Salon, der Küchenchef Mr. Artmann hat uns wieder verwöhnt.

**Montag 6.2.1961**
Alles läuft perfekt, der Dollar rollt, so soll es sein! Heute Kostümfest, ein paar Jungs von uns machen Musik. Gitarre am Achterdeck.

**Dienstag 7.2.1961**
St. Thomas, Virgin Island
Wir wurden um 8 Uhr am Pier mit einer Steelband empfangen. Ich liebe diese Art Musik! Leider kein Landgang für uns. In meiner Mittagszeit habe ich die Sonne genossen. Die *Bremen* lag in der Nähe auf Reede. Abgelegt 17 Uhr.

**Mittwoch 8.2.1961**
**Port of France, Martinique**
Fest an der Pier um 9:30 Uhr. Ich bin für zwei Stunden an Land, habe mir zwei Kämme aus Horn gekauft. Sehr kurze Liegezeit, um 17 Uhr abgelegt.

**Donnerstag 9.2.1961**
**Port of Spain, Trinidad**
Auf Reede 9:30 Uhr. Mit dem Tender in 30 Minuten an Land. Heinz wollte mit mir einkaufen, er brauchte ein Geschenk für seine Frau. Wir kamen an einem Friedhof vorbei. Jedes Grab war in einem gemauerten Häuschen mit In-

Die ***Bremen*** liegt ebenfalls auf Reede vor St. Thomas

Die ***Queen Frederica*** der National Hellenic America Line ebenfalls vor St. Thomas schrift und Foto. Die Steelband war überall zu hören, einfach fantastisch. Die Farbigen tanzten auf der Straße, es ist eben Trinidad. Leider musste ich um 14:30 Uhr wieder an Bord sein, die Arbeit ruft. 24 Uhr, wir verlassen den Hafen.

**Freitag 10.2.1961**
**Auf See**
Sonnenschein und ruhige See. Ich habe ein sehr schönes Braun auf meiner Haut. Von der See sind meine Haare fast weiß-blond geworden. Alles OK.

**Sonnabend 11.2.1961**
**Curacao**
Eine meiner Lieblingsinseln. Früh an der Pier, Frühstück und gleich mit Mecki an Land einkaufen. Es ist heiß, 35 Grad. Wir nehmen ein Taxi zur Piscadera Bay, dort wo sich die Haie hinter der Absperrung tummeln! Herr Stein war schon da, der Alkohol tut ihm nicht gut. Um 18:30 Uhr heißt es Ablegen.

**Sonntag 12.2.1961**
**Auf See**
Kostümfest, die Passagiere hatten eigene Kostüme mit, nur die Frisuren dazu mussten wir anpassen.

**Montag 13.2.1961**
**Port au Prince, Haiti**
8:30 Uhr, liegen vor Anker. Bin nur kurz an Land, Francis begrüßen. Habe noch eine Schüssel gekauft. Zur Mittagszeit musste ich wieder an Bord sein, Peter hat meine Haare gemacht. Abends unsere Party, die Passagiere schauten uns zu.

**Dienstag 14.2.1961**
**Auf See**
Sonne, aber sehr unruhige See. Ich werde nicht aufs Sonnendeck gehen, ich bin schon fast ein Schokogirl. Im Salon Fließbandarbeit, der Chef wäscht die Haare, wir machen den Rest und kassieren!

Heidi Jorek mit ihrer Freundin Brigitte und einem Wachoffizier

**Mittwoch 15.2.1961**

Alles läuft gut, sehr viel Arbeit im Salon, unser Kapitän hat uns für die gute Arbeit ein Lob ausgesprochen.

**Donnerstag 16.2.1961**
**Port Everglades**

Am Pier 9 Uhr, haben bis 11:30 Uhr gearbeitet, Salon geputzt. Ausschiffung, die Ratten verlassen das Schiff, sagt man. Hans Bolt, Gü und ich sind bei Familie Pein, ehemalige Passagiere nach Miami eingeladen. Bevor wir in das schmucke Haus gingen, zeigten sie uns das weltbekannte Seeaquarium. Unser Kapitän war auch mit seiner Familie dabei. Weiter zum Anwesen der Familie Pein. Haus, Boot, Pool, Auto, alles vom Feinsten. Eine Hausdame reichte uns Drinks, Sandwiches, Obst usw. Sehr viel Zeit hatten wir nicht mehr, da Gü um 18 Uhr zur Einschiffung musste. Es war ein wundervoller Tag. Familie Pein sind Deutsche aus Bremen, vor 40 Jahren in die USA ausgewandert. Wir erwarten 550 Passagiere. Ablegen um 20:30 Uhr.

**Freitag 17.2.1961**
**Auf See**

10 Uhr Bootsmanöver. Neugierige Passagiere stürmen unseren Beauty Parlor, d.h. viel Arbeit, aber wir brauchen auch ein paar $.

**Sonnabend 18.2.1961**
**Kingston, Jamaika**

Plötzlicher Seegang brachte uns letzte Nacht um den Schlaf. Am Pier 7:30 Uhr. Bis zum Abend ist die Müdigkeit überwunden. Die Kollegin hat Geburtstag, also Party. Gü kam und wir legten uns an Deck. Abgelegt 17 Uhr.

**Sonntag 19.2.1961**
**Auf See**

Sonne, warm und ruhige See, so lieben wir es nach dieser Partynacht! Alles OK. Gü hat wieder zu viel getrunken.

**Montag 20.2.1961**
**Cristobal, Panama**

Sehr heiß. Dieser Hafen ist sehr gefährlich, bin

Im Café in Kingston mit dem Chef Herrn Klamann

an Bord geblieben. Gü war total von der Rolle, der Alkohol macht ihn fertig. Er spuckt Blut. Nach Rücksprache mit dem Bord-Arzt versorge ich ihn mit Tee und Zwieback. Ich ließ Heinz holen, der ihn ins Hospital brachte. Ich wollte die Verantwortung nicht länger übernehmen, dort war er über Nacht. Ausgelaufen um 17 Uhr.

**Dienstag 21.2.1961**
**Auf See**
Viel Arbeit, Apachen Abend, bis 21 Uhr voll im Stress. Es gibt $. Der Chefkoch brachte uns eine Fischplatte und warmes Meterbrot. Auf dem Weg in meine Kabine stand Günter schon vor meiner Tür. Wie ein kleiner Junge. Er hatte irgendwo auf unserem Schiff eine Vase mit Blumen mitgenommen, um mir Danke zu sagen!

**Mittwoch 22.2.1961**
**Curacao**
7 Uhr, die Insel ist in Sicht, der Öl-Hafen mit den riesigen Tankern. An der Pier um 9 Uhr. Eine Hitze, wir sind gleich für 3 Stunden zum Piscadera Beach. Heinz kam zu mir, und sagte Gü geht es nicht gut. Abgelegt 18:30 Uhr.

**Donnerstag 23.2.1961**
**Auf See**
Mecki hat Geburtstag, wieder Party angesagt. Kostümfest, es wird eine lange Nacht. Seegang. Habe einen Silberdollar als Tipp bekommen!

**Freitag 24.2.1961**
**Martinique**
Auf Reede, vor Anker 7 Uhr. Es waren fast alle Kostüme vermietet, so hatten wir alle Hände zu tun diese wieder zu ordnen. Kein Landgang. Um 15 Uhr schipperten wir weiter Richtung Port Everglades.

**Sonnabend 25.2.1961**
**St. Thomas, Virgin Islands**
8:30 Uhr an der Pier. Ich bin an Land zur Likörfabrik, kaufte zwei Flaschen Rum und eine wunderschöne rote Korallenkette. Ich bin wieder an Bord, hatte mit meiner Kollegin den Dienst getauscht. Ablegen um 22 Uhr, habe mir die Ausfahrt angesehen.

**Sonntag 26.2.1961**
**San Juan, Puerto Rico**
Ab 9 Uhr auf Reede, für drei Stunden an Land. Alle Geschäfte haben geschlossen, es ist Sonntag. Letzter Tender ging um 15 Uhr. Um 17 Uhr vermissen wir noch einige Passagiere, warten. 18 Uhr alle an Bord. OK.

**Montag 27.2.1961**
**Auf See**
Die See ist sehr ungemütlich, haben gut zu tun, der $ rollt auf dieser Reise zur Zufriedenheit. In der Mittagspause mussten Mecki und ich nach Kabine A 29 umziehen, unsere wurde gestrichen.

**Dienstag 28.2.1961**
**Port Everglades**
Wir sind sehr spät. Das Bermudadreieck hat uns wieder sehr zu schaffen gemacht. Enorme Windböen, so lagen wir erst um 13 Uhr an der Pier. Die Passagiere wurden schon unruhig, alle standen schon parat zur Ausschiffung. Ich habe drei Briefe von Muttern bekommen, sie waren lange unterwegs. Wir können wieder in unsere alte Kabine zurück, alles schön weiß. Habe heute Kopfweh. Unser Arbeitsplatz ist auch schon sauber, die neuen 450 Passagiere konnen kommen. Bin kurz an Land. Gü wollte mit, er hat schlechte Laune, ich bin unglücklich, so etwas kenne ich nicht! Um 21 Uhr legen wir ab mit Musik. Nach Feierabend einen Drink auf die neue Tour.

**Mittwoch 1.3.1961**
**Auf See**
Die Passagiere freuen sich bei uns an Bord zu sein, gute Stimmung. Gü ist immer noch muf-

fig. Er sagt mir nicht warum. Ich habe gesagt er soll erst wieder kommen, wenn er wieder normal ist. Die ersten Passagiere kommen für eine neue Frisur.

**Donnerstag 2.3.1961**

Da alle diese Häfen im Bermudadreieck liegen, macht der Atlantik schon einige Streiche mit uns. Die Ausweichmanöver kosten Zeit, dadurch weniger Liegezeit im nächsten Hafen.

**Freitag 3.3.1961**
**St. Thomas, Virgin Island**

Post von Klaus, er vermisst mich sehr. Am Pier 7:30 Uhr. Heinz kam zu mir, er wollte wissen, warum Gü so muffig ist. I dont know! Heute bis 12 Uhr Dienst, keine Passagiere, aber Mecki habe ich die Haare gemacht. Wir verstehen uns sehr gut, obwohl sie 30 Jahre älter ist. In der Messe etwas gegessen, dann an Land. Habe mir einen silbernen Eiskübel mit Zange, zwei Zigarettenetuis, einen Spiegel, ein Sturmfeuerzeug, zwei Armreife im Duty Free Shop gekauft. Die Crew musste um 15 Uhr an Bord sein, jetzt schnell. Gut, dass wir an der Pier liegen. Um 16 Uhr abgelegt.

Im Tenderboot

**Sonnabend 4.3.1961**
**Port of France, Martinique**

9:30 Uhr auf Reede. Mit Mecki um 12 Uhr mit dem Tender an Land. Sie kaufte sich eine Bluse. Wegen der kurzen Liegezeit konnten wir nicht in die Stadt. An Bord um 14:30 Uhr. Noch vor der Arbeit gemütlich in die Messe zum Kaffeetrinken. 17 Uhr „Abflug".

**Sonntag 5.3.1961**
**Port of Spain, Trinidad**

Festgemacht 8:30 Uhr. Eine Steelband spielte am Pier. Von einem Passagier wurde ich zur Maracas Bay eingeladen. Er wollte mich, Heidi German Good Girl in Florida mit an Land nehmen, und heiraten! Plantagenbesitzer. Abgelegt 19:30 Uhr.

**Montag 6.3.1961**
**Auf See**

Der Chef ist sehr zufrieden mit unserer Arbeit, die Kasse ist voll. Haben kaum Mittagszeit, für eine Stunde war ich auf dem Sonnendeck. Im Fahrstuhl zum Main Deck meiner Kabine, stand plötzlich Muffi Gü vor mir, der Krebs. Er war wieder der Alte, hat ja lang genug gedauert! Wir vier, Gü, Heinz, Gerd und Heidi hatten uns geschworen zusammenzuhalten, zu reden, und helfen – nur Gü war stumm wie ein Fisch. Ich kann mir denken, warum – ich werde nichts schreiben.

Auf Reede beim Ausbooten

**Dienstag 7.3.1961**
**Curacao**
Ich gehe an Deck, 7:30 Uhr. Es ist Wahnsinn, was für eine Hitze. Gut so, ich habe nicht frei, und wir liegen diesmal an einem anderen Pier, weit von der Stadt. An Deck liegen ist zu heiß, aber Spiegeleier braten oder ein Steak grillen, das wäre OK. 17 Uhr abgelegt.

**Donnerstag 9.3.1961**
**Port au Prince, Haiti**
Liegen um 8 Uhr vor Anker. Habe bis 16 Uhr frei, also mit dem Tender an Land. Es ist sehr heiß. Ich habe Francis versprochen, ein letztes Mal zu kommen. Er schenkte mir eine große Holzfigur mit Trommel und sagte „Don`t forget me!" Er brachte mich zum Tender, und winkte so lange, bis unser Boot verschwand. Alle waren wieder an Bord, Tschüss Haiti wunderschöne Insel!

**Freitag 10.3.1961**
**Auf See**
Noch ruhige See, in der Nacht sollen wir schlechtes Wetter bekommen. Noch eine letzte Frisur für die Damen, wir haben ein paar Dollar extra bekommen, für guten Service. Den Salon aufgeräumt, fertig 21 Uhr.

**Sonnabend 11.3.1961**
**Port Everglades**
An der Pier um 9 Uhr, Dienst bis 12 Uhr. Alles war in bester Ordnung, die Ausschiffung ging zügig voran. Hans Bolt kam zu mir. Familie Pein war da, wollten uns abholen. Die Passagiere für die neue 3-Tage-Reise sind schon an Bord. Um 16 Uhr müssen wir die Pier für *M.S. Bremen* verlassen. Naja!

**Sonntag 12.3.1961**
**Nassau, Bahamas**
Um 8 Uhr vor Anker, habe bis 16 Uhr frei. Nehme gleich den Tender. Wir sind fast in der Mitte des Bermudadreiecks. Jeder Seemann fürchtet diesen Teil des Atlantiks. Wir haben Glück, die Brandung ist gnädig mit uns, so können wir auch an Land. Es ist zu heiß, um in die Stadt zu gehen, lieber mit dem Taxi an den Beach.

**Montag 13.3.1961**
**Palmenbay, Nassau**
Ca. 100 Passagiere konnten am Abend nicht mit unseren Tendern an Bord gebracht werden. Die verflixte Brandung war so hoch! Die Coast Guard wurde alarmiert. Mit ihren großen Booten war es möglich, die Passagiere an Bord zu holen. Um 20 Uhr Anker hoch.

**Dienstag 14.3.1961**
**Port Everglades**
Am Pier 8:30 Uhr. Ausschiffung von 350 Passagieren. Familie Pein war wieder da, ich holte Hans, und Gü kam auch. Sie hatten die ganze Nacht Skat gespielt und sahen auch danach aus. Es geht nach New York ohne Passagiere. Es gibt keine Grillparty bei Familie Pein, die Liegezeit war hier so kurz. Mittag, die Sonne brennt, wir legen ab. Wir hören in New York ist es sehr kalt.

**Mittwoch 15.3.1961**
**Auf See**
...und wieder mitten im Bermuda Dreieck. Seegang, starker Wind, kalt. Haben den ganzen Tag unserer Mannschaft die Haare geschnitten. Abends im Salon gut gegessen.

Die Skyline von New York

**Donnerstag 16.3.1961**
**7 Stunden vor New York**
Zieht euch warm an, die Eisbären sind unterwegs. Dieser Wetterumschwung, aber ich war nie krank. An der Pier um 16 Uhr fest, den Rest des Tages frei. Meine Jungs wollten ins Loreley, ich mit. Gü hatte noch Telefonwache bis 17 Uhr, dann tigerten wir an Land. Eine lange Nacht!

**Freitag 17.3.1961**
**New York**
Die Töchter des Chefs sind in New York, sie kommen für eine neue Frisur an Bord. Über Nacht liegt die *Bremen* gegenüber am Pier. Ich ging an Bord. Die Friseurkollegen zeigten mir ihr Schiff voller Stolz. Der Salon war viel kleiner wie unserer, sind nur zwei Friseurinnen und einen Friseur, wir sind zu fünft. Ich marschiere noch an Land zu Gonnon. Hatte gute Preise, kaufte eine Schallplatte, 1.000 und 1 Nacht. Abends Party im Salon angesagt.

**Sonnabend 18.3.1961**
Nach dem Krieg lebte eine Familie Brotscheid bei uns in Großensee. Wir spielten mit den Kindern Magda und Heinz. Magda hat geheiratet, und ist nach New York gezogen. Durch meine Eltern erfuhren sie, dass ich auf der *Hanseatic* bin. So kam es, dass Magda an der Pier stand, und sich nach mir durchfragte. OK, ich zeigte beiden mein Schiff, und da ich frei habe, musste ich gleich mit quer durch New York nach New Jersey in Ihre Wohnung. Meine Jungs haben sich Sorgen gemacht, keiner wusste, wo ich war. Alle drei standen da und warteten auf mich, mit einer Hose im Arm. Bitte Kürzen! Das war dann meine Abendbeschäftigung. Einschiffung 450 Passagiere. Von General Electric. Auslaufen um 23 Uhr.

Marlene Dietrich während ihres Auftritts am 26.3.1961 in San Juan

**Sonntag 19.3.1961**
**Auf See**
Ich bin noch sehr müde. Es geht in die Wärme. Wir haben Spezial-Gaste an Bord, noch ist alles in Ordnung.

**Montag 20.3.1961**
Bitte leisetreten, unser Chef hatte es drauf: gnädige Frau, usw.! Alles war perfekt, nur unser Tipp nicht.

**Dienstag 21.3.1961**
**Nassau, Bahamas**
Habe frei und möchte gleich den ersten Tender für die Crew nehmen, zum Paradise Beach fahren. Erstaunlich das Wasser ist ruhig, aber kommen wir auch zurück? Gü war mit seiner Marie unterwegs, er kam auch zum Beach. Naja, der letzte Tender für uns um 16 Uhr. Die Brandung macht uns zu schaffen. Bitte verteilen nach vorn und nach achtern, geschafft. Auslaufen um 20 Uhr.

**Mittwoch 22.3.1961**
**Auf See**
Seegang, wir stampfen uns durch die Wellen. Die Bosse von General Electric aus der ganzen Welt sind an Bord. Jeden Morgen eine Rasur und neue Frisur.

**Freitag 24.3.1961**
Was ein Wunder, es ist windstill, und der Atlantik fast glatt!

**Sonnabend 25.3.1961**
**St. Thomas, Virgin Islands**
Alle Plätze am Pier sind besetzt, daher auf Reede. Wir hören die Steelband bis zu unserem Schiff. Auf geht's zum Morning Star Beach. Ich habe die Zeit für unseren letzten Tender verpasst, bin dann mit dem Tender für die Passagiere an Bord. Alles OK. Gü kam, und brachte uns Tickets von G.E. Einladung für die Marlene-Dietrich-Veranstaltung morgen in San Juan. Ruhige See, wir holen den Anker ein. Am Achterdeck zupft ein Matrose auf seiner Gitarre. Meine Träume von einst wurden Wirklichkeit!

**Sonntag 26.3.1961**
**San Juan, Puerto Rico**
Am Pier um 7:30 Uhr fest. Eine Stunde später ging ich an Land. Ich brauchte dringend neue Schuhe. Wieder an Bord, die Damen brauchen neue Frisuren für den Abend. Brigitte, Walter, Peter und ich sind um 19 Uhr mit dem Taxi ins Hotel Interconti gefahren. Marlene Dietrich ist sehr hübsch und jugendlich mit 60 Jahren. Sie singt: „Jonny, wenn du Geburtstag hast", „Frag nicht, warum ich gehe", und zum Ende „Lili Marleen"! Es wurde still, dann ein Jubel – Wahnsinn! Wieder an Bord. Gü steht an der Gangway. Um Mitternacht haben wir abgelegt.

**Montag 27.3.1961**
**Auf See**
Sonne, aber sehr raue See. Die Damen und Herren haben im Konferenzsaal mit den Stühlen zu kämpfen. Sie rutschen schon hin und her. Gute Laune im Salon, haben gut zu tun, ein paar Dollar sind es immer am Tag.

**Dienstag 28.3.1961**
Wir sind gut in der Zeit. Morgen laufen wir Martinique an. Da die Herren nicht genug trinken, haben Gü und Hans in der Bar wenig Umsatz.

**Mittwoch 29.3.1961**
**Martinique**
Festgemacht 7:30 Uhr, habe bis 16 Uhr frei, bin an Land. Ich brauche für meinen Strohhut von Jamaika ein breites buntes Band aus Stoff. Die farbigen Frauen hier haben wunderschöne Stoffe um den Körper gehüllt. Diese Farbzusammensetzungen habe ich bislang noch nie gesehen. Sehr sauber. Abgelegt 18:30 Uhr.

**Donnerstag 30.3.1961**
**Auf See**
Mir geht es gut, Essen schmeckt. Chefkoch Becker ist besorgt um mich, weil ich so schlank bin. Er möchte, dass ich jeden Morgen in die Küche komme, um Sahne zu trinken. Nach einiger Zeit habe ich es aufgegeben. Ich bin und bleibe so, meine drei finden mich gut so!

**Freitag 31.3.1961**
**Port of Spain, Trinidad**
Am Pier 8 Uhr fest. Heidi hat frei. Übernehme die Nachmittagsschicht, so sind wir vier gleich zum Maracas Beach gefahren. Die Herren brauchten einen klaren Kopf, der Schnaps, da hilft das kühle Nass. Hier an diesem Beach hat mir am 5.3. ein Passagier einen Heiratsantrag gemacht. Der wollte mich doch wirklich gleich mitnehmen! No, No Heidi bleibt an Bord, da hab ich doch an meine kranke Schwester gedacht. Das geht gar nicht! Abgelegt 17:30 Uhr.

**Sonnabend 1.4.1961**
**Hamilton, Bermuda**
Auf Reede 13 Uhr. Meine Kollegen haben frei, ich schmeiß das Geschäft allein mit meinem Chef. Mittagspause an Deck im Liegestuhl. Plötzlich eine Wasserfontäne hoch in den Himmel, aber es war kein Wind und auch keine Wellen, und unser Schiff war auch noch auf Position. Am Abend bin ich doch noch an Land, mit Gü. Wir waren im Elbo Beach Surf Club. General Electric war auch anwesend. Es wurde sehr spät, wir schmuggelten uns zwischen den Passagieren an Bord. Um 24 Uhr segeln wir weiter. Top Abend!

**Sonntag 2.4.1961**
**Ostern auf See**
Bin noch müde, aber die Damen warten auf eine neue Frisur. Ein paar Dollar können wir auch noch brauchen.

**Montag 3.4.1961**
Unser Laden brummt. Morgen laufen wir New York an. Wir haben eine sehr gute Bewertung von G.E. bekommen, unser Chef war ganz happy. Am Abend nach „Klar Schiff" hat sich der Chefkoch mit einer Fleischplatte in unseren Salon geschlichen.

Heidi Jorek im Liegestuhl mit Freundin Brigitte

**Dienstag 4.4.1961**
**New York**
Um 4 Uhr morgens an der Pier, das war ja noch nie da! Unsere Passagiere sind schon klar für die Ausschiffung um 7 Uhr. Alle Formalitäten erledigt, wir legen um 11 Uhr ab. Es geht ohne Passagiere weiter nach Baltimore, es ist bis Oktober unsere letzte Reise in die Westindies. Es sind bis September neun Reisen über den Atlantik angesagt. Wau! Noch 10 Stunden bis Baltimore, wir erwarten 550 Passagiere. Bis dahin gut essen. Im Salon wird zur Party getrommelt, der Boss von der Maschine hat Geburtstag. Es wurde ein wenig spät: 2 Uhr! Immer sagten wir zu uns, heute wird es eine kurze Party.

**Mittwoch 5.4.1961**
**Baltimore**
7 Uhr am Pier, für uns ein ungewohnter Hafen. Wir nehmen 550 Passagiere auf, kein Landgang, gegen 12 Uhr legen wir ab. Es sind sehr angenehme gut gekleidete Leute. Wie wir hörten Pensionäre.

**Donnerstag 6.4.1961**
**Auf See**
Bootsmanöver 10 Uhr, das Schiff fängt an zu rollen. Im Salon war Miss Schmidt, deutscher Abstammung. Sie wollte immer nur von derselben Friseurin bedient werden, daher probierte sie uns zuerst aus. Meine Art lag ihr am besten, so kam sie zweimal am Tag zum Frisieren zu mir. Pro Frisur 1 $, Waschen und Legen 2 $ Tipp. Sie traf auch Gü im Alsterclub und sagte zu mir: „Dieser Günter ein feiner Mann, your friend."

**Freitag 7.4.1961**
**Nassau, Bahamas**
Mit drei Stunden Verspätung liegen wir um 11:30 Uhr vor Anker. Diese Tour nach Nas-

**Postkarte mit Gemälde der *Hanseatic* bei der Ankunft in New York von Günther Todt**

sau ist immer Glücksache. Sturm in der letzten Nacht, nur die Passagiere haben Landgang, mir ist es recht, ich gehe an Deck in die Sonne. Immer diese Ungewissheit: Kommst an Land, aber auch zurück? 22 Uhr, es poltert an der Bordwand. Es ist der Anker.

**Sonnabend 8.4.1961**
**Auf See**
Brigitte ist krank. Peter und ich haben die vielen Passagiere allein bedient. Unser Chef hat immer nur die Haare gewaschen, Fließbandarbeit. Nach Feierabend kommen Hans und Heinz zu mir. Gü geht es nicht gut, diese Sauferei. Bin noch in die Schneiderei, brauchte die Nähmaschine.

**Sonntag 9.4.1961**
**Montego Bay, Jamaica**
Um 9 Uhr auf Reede, erst um 11 Uhr ist Landgang für die Besatzung. Ich blieb an Bord, habe Gü versorgt. Der Arzt hat Bettruhe verordnet (Magenbluten). Er schlief, ich bin doch noch mit ein paar Stewards an Land an den Beach. Hatten viel Spaß. Wieder an Bord, rief Gü nach mir. Jetzt bin ich auch noch Krankenschwester. Der liebe Gü wollte mit an den Beach. Ich habe ihm klar gemacht, wenn er nicht so viel saufen würde, hätte er jetzt nicht diese fürchterlichen Magenbeschwerden. Er muss wohl ins Krankenhaus. Jetzt verabschieden wir den letzten Hafen in den Westindies, es ist 19 Uhr. Noch zwei Wochen und wir sind in unserem wunderschönen Hafen Hamburg.

**Montag 10.4.1961**
**Auf See**
Wind und Sonne, noch ist es warm 23 Grad. Heute Kostümfest, es wird ein langer Abend, es läuft alles wunderbar.

**Dienstag 11.4.1961**
Arbeit bis zum Abwinken. Mittagessen wurde uns im Salon serviert. 21 Uhr, wir nehmen noch einen Drink, und ab in die Koje. Mecki schläft schon.

**Mittwoch 12.4.1961**
Wir haben sehr glückliche und dankbare Passagiere. Wir werden gelobt, und das ist auch bei unserem Käpt`n Pabst gelandet. Noch mal ein sehr anstrengender Tag, es hat sich gelohnt. Zum Abschied gab es hier und da ein paar $ extra.

**Donnerstag 13.4.1961**
**Baltimore**
Ausschiffung 8 Uhr, wir waren schon um 4 Uhr an der Pier. Und schon legen wir wieder ab, 11 Uhr. Morgen sind wir in New York.

**Freitag 14.4.1961**
**New York**
Am Pier 97 57. Straße festgemacht. Um 11 Uhr, noch vor dem Mittagessen Bootsmanöver. Ein Boot riss aus der Halterung, es ist völlig kaputt und die Reling dazu. Ohne Ersatz über den Atlantik hätten wir nicht rausfahren dürfen. Wir bekommen zwei aufblasbare Rettungsinseln als Ersatz. Bis zur Einschiffung, es sollen 1.100 Passagiere sein (auch das noch), ist putzen im Salon und meiner Kabine angesagt. Freunde von unserem Chef bekamen noch eine Frisur, und Magda mit Familie kam auch an Bord. Ich hatte keine Zeit mehr an Land zu gehen. 18 Uhr Einschiffung, um 23:30 Uhr sagten wir „Tschüss New York“.

**Sonnabend 15.4.1961**
**Auf See**
Nun ja, mit 1.100 Passagieren Bootsmanöver. Die wenigsten wussten, wie lege ich eine Schwimmweste an. Einige kamen und wollten den Verschluss hinten zugemacht haben. Wie soll es werden, wenn der Ernstfall eintritt? Katastrophe!

**Heidi Jorek und ihre Freundin Gisela beim Bootsmanöver**

**Sonntag 16.4.1961**
Seegang. Der Atlantik zeigt seine weißen Zähne. Zurzeit sind wir ein Auskunftsbüro. 1.100 Menschen in einer Schiffsschaukel und das noch sieben Tage. In der Bar bei Gü wird gesoffen bis in die Nacht, wie er sagt.

**Montag 17.4.1961**
Sturm 8-9. Unsere Kabine hat sich zur Rumpelkammer gemacht. Ich habe fest geschlafen, ein Schlag von Backbord, und alles viel um.

**Dienstag 18.4.1961**
Der Sturm hält an, es ist ruhig im Schiff. Die 1.100 Menschen haben sich in die Koje gelegt. Gut für uns, so haben wir auch Pause.

**Mittwoch 19.4.1961**
Der Atlantik hat sich etwas beruhigt, das soll nichts heißen, das Wasser ist tiefschwarz. Gü, Heinz und Hans, wir wollen die letzten Tage bis Cuxhaven wenn möglich zusammen verbringen. Für Heinz ist die Seefahrt zu Ende. Er war uns ein bester Kamerad. Er wandert nach Australien aus.

**Donnerstag 20.4.1961**
Wie wir hörten, haben sich einige Passagiere die Fahrt über den Atlantik rosiger vorgestellt. Die ewige Schaukelei ist doch nicht zu ertragen. Mir geht es gut. Unter der Besatzung ist es unruhig geworden, die Heimat naht. Heimat?

**Freitag 21.4.1961**
Heute Can-Can-Abend. Wir haben viel Spaß die dicken und dünnen Männer ins Kostüm zu bringen!

**Sonnabend 22.4.1961**
Alle Kostüme kommen zurück, und nun fällt den Damen ein, eine Frisur muss her. Es ist wie Winterschlussverkauf! Grausam, wir haben bis in die Nacht gearbeitet. Wir haben dann noch einen Drink genommen.

**Sonntag 23.4.1961**
**Cuxhaven**
An der Pier 9 Uhr. 1.100 Passagiere verlassen unser Schiff. Ruhe. Gü geht für zwei Atlantikreisen in Urlaub. Ich bleibe noch an Bord, der Salon muss noch aufgeräumt werden. Gisela und Peter kommen, zwei neue Kollegen. Ich nehme den Zug nach Hamburg erst morgen um 9:15 Uhr, weil ich noch unseren Neulingen zur Seite stehen soll.

**Einer der zahlreichen Prominenten an Bord der *Hanseatic*: Walter Giller mit Heidi Jorek**

**Montag 24.4.1961**
Die neuen Kollegen bleiben an Bord, es sieht alles recht gut aus. Ich war gegen 12 Uhr bei meinen Eltern und Schwester. Sie hat sich sehr gefreut, die arme Deern, dieses Elend, ich könnte es nicht mehr ertragen!

**Dienstag 25.4.1961**
Werde den letzten Zug nach Cuxhaven nehmen. Klaus leider nur am Telefon gesprochen.

**Mittwoch 26.4.1961**
Ab heute beginnen neun Atlantikreisen, das heißt Cuxhaven-New York, New York-Cuxhaven, neun Mal! Wir hoffen, dass Neptun es gut mit uns meint, wir wollen kein U-Boot werden. Die letzte Reise endet am 19. Oktober 1961 in Cuxhaven. Details werde ich nicht dazu schreiben.

*Anmerkung des Autors: Nun folgt eine längere Pause in den Aufzeichnungen.*

**Sonntag 22. Oktober 1961**
Klaus hat mich zum Zug gebracht. Ab Hamburg 16:40 Uhr nach Cuxhaven. Leider sind wir wie immer nur ein paar Stunden zusammen. An Cuxhaven 19 Uhr. Gisela und Peter haben schon an der Pier auf mich gewartet. Auf dem großen Schiff kamen sie sich sehr verlassen vor. Gü und Hans sind auch wieder da. Einschiffung 20 Uhr, wir haben 700 Passagiere und 480 Mann Besatzung an Bord. Wir legen ab 22 Uhr. Gisela sieht gar nicht so sehr frisch aus im Gesicht, ich bin mit ihr an Deck gegangen. Diese Übelkeit habe auch ich bei meiner ersten Reise kennengelernt. Wau!

Postkarte von Bord der ***Hanseatic***

**Montag 23.10.1961**
**Le Havre**
Am Pier fest 21 Uhr. Ein Boot brachte uns Ware für unseren Salon. Abgelegt 1 Uhr.

**Dienstag 24.10.1961**
**Southampton**
An 8 Uhr, es kamen noch 40 Passagiere, ab 11 Uhr. Der Atlantik lässt grüßen.

**Mittwoch 25.10.1961**
**Auf See**
Gisela haben wir zum Doc gebracht, dann in die Koje. Sie will aussteigen, geht ja nun nicht mehr, Schwimmen?

**Donnerstag 26.10.1961**
Jetzt fängt Peter an, ich habe ihm ein Stück trockenes Brot in die Hand gedrückt, und an Deck geschickt.

**Freitag 27.10.1961**
Der Herbststurm zeigt sich von seiner besten Seite. Unser Schiff stampft sich durch die hohen Wellen, der Bug geht hoch, und knallt mit einer Wucht runter. Einige der Passagiere schleichen durch die Gänge.

**Sonnabend 28.10.1961**
Die Erste-Klasse-Passagiere bekommen auf Wunsch die Mahlzeiten auf die Kabine serviert. So geschah es, das der Steward einen jungen 24-jährigen Passagier nicht in seiner Kabine fand. Auch im ganzen Schiff konnte er nicht mehr ausfindig gemacht werden. Plötzlich stoppte unser Schiff für Minuten. Das Seegesetz schreibt es so vor, doch die Suche blieb ergebnislos. Wie uns mitgeteilt wurde, sollte dieser junge Mann für ein Jahr aufs College in Amerika. Er zog es wahrscheinlich vor, über Bord zu gehen.

Auslaufen der ***Hanseatic*** aus New York vom Sonnendeck aus gesehen

**Sonntag 29.10.1961**
Die Flagge ist auf Halbmast.

**Montag 30.10.1961**
Die See hat sich beruhigt, und meine Kollegen auch. Wir haben gut zu tun, die Damen brauchen eine Frisur, wenn möglich alle zur selben Zeit.

**Dienstag 31.10.1961**
**New York**
Wir machen fest mit der Flagge auf Halbmast. Die Kripo kommt an Bord. Die Passagiere müssen noch warten mit der Ausschiffung, die Besatzung darf nicht an Land. Es ist 18 Uhr, wir legen ab, ohne Passagiere nach Port Everglades.

**Mittwoch 1.11.1961**
**Auf See**
Wir freuen uns auf die Sonne und die Karibik! Die Kollegen Gisela und Peter haben noch nicht Gefallen an der christlichen Seefahrt erlangt. Das Herz und die Liebe zum Schiff und zur See sollten schon dabei sein!

**Donnerstag 2.11.1961**
**Port Everglades, Miami**
Seemannssonntag. Cruise No.1. Es ist 8 Uhr, wir legen ab mit 550 Passagieren.

**Freitag 3.11.1961**
**Auf See**
Gute Passagiere, ruhige See.

**Sonnabend 4.11.1961**
**Port au Prince, Haiti**
Gehe mit Gisela und Peter an Land. Wir liegen auf Reede. Francis steht auf der Pier. Ab 21 Uhr.

Rohrbläser auf Haiti

**Sonntag 5.11.1961**
**Auf See**

Heute Abend geben unsere neuen Kollegen ihren Einstand. Mein Chef zu mir, Gisela sei nicht so flott, wie er es wünscht.

**Montag 6.11.1961**
**Cristobal, Panama**

7:30 Uhr an der Pier. Peter und ich haben frei, gehen an Land. Mein Chef: Heidi, die alle Häfen kennt, muss unseren neuen Kollegen die Schönheit, aber auch die Gefahren die ein Land oder Insel mit sich bringen zeigen.

**Dienstag 7.11.1961**
**San Blas Islands**

Auf Reede. Eine Insel, die auch für mich neu ist.

**Mittwoch 8.11.1961**
**Cartagena, Kolumbien**

Erdölhafen. Wir liegen an der Pier 8:30 Uhr. Es ist sehr heiß. Bin mit Gisela an Land, habe einige Alligatoren und Krokodile gekauft. In einem kleinen Geschäft sah ich ein goldenes Uhrenarmband, 18 Karat Gold! Ich habe es gekauft, freute mich sehr. In Hamburg kaufte ich später die Uhr in Gold dazu.

**Donnerstag 9.11.1961**
**Auf See**

Neptun meint es gut mit uns und unsere Passagiere auch. Heute 16 $ Tipp, gearbeitet bis 20 Uhr. Unser Küchenchef hat uns mit einer großen Käse-Wurst-Platte verwöhnt. Gü hat das Trinken aufgegeben, sagt er. Immer wenn er Zeit hat, kommt er zu mir, mit einer großen Wasserflasche.

**Freitag 10.11.1961**
**Kingston, Jamaica**

Kinder, es ist so heiß! Wir sind fest an der Pier 7 Uhr. Die Passagiere machen eine Tour in die

▲ ***Hanseatic*** **auf Reede vor der Insel San Blas** ▼

Berge, wir drei gehen ins Myrtle Bank Hotel in den riesigen Meerwasser-Außen-Swimmingpool. Unser Chef, und Herrenfriseur Lanken gehen in den Puff. Wir legen ab um 21 Uhr.

**Sonnabend 11.11.1961**
**Auf See**

Wir haben Seegang, die Wellen kommen von Backbord. Wir schleichen uns an Kuba vorbei, soweit ab von dieser Insel wie möglich. Es heißt, Fidel Castro will Krieg. Unser Kapitän Pabst bekam eine Aufforderung von Kuba, er solle mitteilen, welche Nationalität wir an Bord haben und wie lange und warum wir uns in diesem Gewässer aufhalten.

**Sonntag 12.11.1961**
**Port Everglades, Miami**

An der Pier 9:30 Uhr. Hier verlassen uns ca. 200 Passagiere. Ich habe Post von Klaus und Muttern. Für eine Stunde an Land, um meine

Heidi Jorek mit Band auf Jamaica

Briefe zu senden. Gü hat mich begleitet, wir wollen am Abend seinen Film sehen. Wir legen ab 16 Uhr.

**Montag 13.11.1961**
**Auf See**

Vom Karibischen Meer rein in den Atlantik. Wir haben das Bermuda Dreieck zu fassen, werden ordentlich durchgeschaukelt. Es ist so schwer, einen Fuß vor den anderen zu setzen. Die restlichen Passagiere kommen zu uns, teils für eine Frisur oder sich für unsere gute Bedienung zu bedanken.

**Dienstag 14.11.1961**
**New York**

Wir sind spät am Pier, 10:30 Uhr. Bei Einlaufen hörten wir „Hummel Hummel", es waren Deutsche auf der M.S. *Kungsholm*. Das schwedische Passagierschiff lag auf der anderen Seite unserer Pier. Unsere Passagiere sind von Bord, zu dritt den Salon aufgeklart, dann frei bis zum Auslaufen morgen früh. Unsere Crew und die der *Kungsholm* haben sofort Kontakt aufgenommen, und so kam es, dass ich im Beauty Friseur Salon den dortigen Chef traf. Er fragte mich direkt, ob ich auf der Kungsholm arbeiten möchte. „Im Mai 1962 gehen wir für drei Monate auf Weltreise", sagte er. Ich sagte OK. Ich komme. Der Handel war perfekt. Ich erzählte es Günter, der sagte sofort er komme mit! Meinem Chef Herrn Klamann sagte ich es im März.

**Mittwoch 15.11.1961**

Wir legen ab zur 2. Cruise, mit 550 Passagieren. Es ist 9:30 Uhr. Die MS *Kungsholm* begleitet uns ca. fünf Stunden, dann hatten wir keine Sicht mehr. Es ist ein weißes Schiff, 26.678 BRT, 21 Knoten schnell, Passagiere ca. 600, und 450 Mann Besatzung. Ich freue mich riesig.

Die ***Kungsholm*** **der Swedish America Linie**

**Donnerstag 16.11.1961**
**Auf See**
Eine Kurzreise für acht Tage. Die Küche berichtet, wenn weiter so gegessen wird, müssen wir im nächsten Hafen Proviant bunkern. Unser Tag ist ausgebucht mit-Manikür Kunden. Gü teilte mit in der Bar wird gesoffen, der Steward musste Alkoholverbot aussprechen.

**Freitag 17.11.1961**
Heute wird ein langer Tag. Kostümfest, und Kollege Peter hat Geburtstag.

**Sonnabend 18.11.1961**
**St. Thomas, Virgin Islands**
An der Pier 7:30 Uhr, mit Steelband an der Gangway. Ich werde mit Gisela und Peter an Land gehen. Wir machen eine Tour in die Berge und zur Likörfabrik Ries. Der Dark Rum ist alle! Wir legen ab 21:30 Uhr.

**Sonntag 19.11.1961**
**Auf See**
Wir sind im Bermuda Dreieck, laufen morgen Puerto Rico an. Der Atlantik ist stahlblau mit weißen Spitzen auf den Wellen. War in der Mittagspause zwei Stunden an Deck im Liegestuhl, Gü kam auch.

**Montag 20.11.1961**
**San Juan, Puerto Rico**
Die letzte Nacht war stürmisch, aber trotzdem pünktlich festgemacht. Musik und Tanz. Eine Gruppe Puerto Ricaner jubelten uns zu. Unter den Passagieren waren einige Einheimische.

**Dienstag 21.11.1961**
**Auf See**
Auf dem Weg nach New York. Unser Salon wird gestürmt, der Chef ist am Haare waschen, alles geht wie am Fließband. $ fließen in unsere

Taschen. Es ist ein sehr harter Tag, nur kurz in die Messe. Kuchen und Kaffee wurden geliefert.

**Mittwoch 22.11.1961**
**New York**

Es ist kalt. Trotz Wechsel Wärme und Kälte geht es mir gut. Wir haben Verspätung, 11 Uhr an der Pier. Zwischen Aus-, und Einschiffung liegen nur zwei Stunden. Hexen ist angesagt, sauber, sauber machen ist angesagt, es warten 450 Passagiere für die Holiday Cruise, vier Tage. Auf unserer Liste ist Can-Can angesagt, und ein Hafen: Nassau, Bahamas.

**Sonntag 26.11.1961**
**Zurück in New York**

18 Uhr am Pier, weiterhin bis zum 14. Dezember ist Westindien angesagt. Am 22. Dezember Cuxhaven. Die *Hanseatic* kommt an die Landungsbrücke. Am 28.12. geht es zur Silvesterreise nach Nordafrika. Möchte mir die Alabastermoschee in Kairo ansehen, und auf einem Kamel reiten. Beides ist in Erfüllung gegangen. An in Cuxhaven am 12. Januar 1963. Am 15.1. starten wir von Cuxhaven nach New York zur großen Westindienreise bis 13. April. Wieder an Cuxhaven am 21. April. Klaus wollte gern, dass ich ein paar Monate aussetze mit der Seefahrt, mein Chef war damit einverstanden. Meine Kollegin Gisela hatte Angst vor den folgenden neun Atlantikreisen. Sie kündigte ganz spontan. So bin ich weitergefahren bis August. Im September bin ich dann nach Schweden auf die M.S. *Kungsholm*!

**Erinnerungen an die Seefahrtszeit von Heidi Jorek**

**Die *Kungsholm* beim Auslaufen aus Hamburg**

## Kleines Lexikon zum Tagebuch

**Apachen-Abend**: Kostümfest

**Achtern raus Segeln**: Über Bord gehen, vom Schiff ins Wasser fallen!

**Barbados**: Die östlichste Insel der Kleinen Antillen, mit der Hauptstadt Bridgetown.

**Casablanca**: Größte Stadt Marokkos an der Atlantikküste mit über 3 Millionen Einwohnern, spanisch-arabisch das „Weiße Haus" genannt.

**Cha Cha**: Eine Nuss, Nüsse welche in manchen Ländern als Rhythmusinstrument am Körper getragen werden (Arm- oder Hüftreif).

**Curacao**: Größte Insel der ehemaligen Niederländischen Antillen in der Karibik, mit der Hauptstadt Willemstad.

**Funchal**: Hauptort der portugiesischen Blumeninsel Madeira.

**Haiti**: In den Großen Antillen gelegener Inselstaat, mit Port au Prince als Hauptstadt Haitis. Ein schweres Erdbeben 2010 zerstörte weite Teile davon.

**Hamilton**: Hauptstadt der Inselgruppe der Bermudas im Atlantik.

**Hummel-Hummel Mors-Mors**: Ein in Hamburg verbreiteter Gruß, zurückzuführen auf einen ehemaligen Wasserträger mit Nachnamen Hummel. Durch sein grimmiges Wesen wurde er von den Kindern gerne mit dem Zuruf „Hummel-Hummel" geneckt, zurück kam dann „Mors-Mors", was plattdeutsch bedeutet „Klei mi an Mors" – das berühmte Zitat von Götz von Berlichingen.

**Kingston**: Hauptstadt der Insel Jamaikas in der Karibik, mit heute fast 1 Million Einwohnern.

**Kreuz des Südens**: Die vier hellsten Sterne Acrux, Becrux, Gacrux, Decrux, bilden das Sternbild des Südhimmels. Es liegt mitten im Band der Milchstraße und ist in Europa nicht zu beobachten.

**La Guaira**: Stadt mit über 25.000 Einwohnern in Venezuela am Karibischen Meer, 36 km nördlich der Hauptstadt Caracas.

**Las Palmas**: Die größte Stadt der Kanaren, auf der Insel Gran Canaria.

**Lissabon**: Hauptstadt Portugals an der Mündung des Flusses Tejo.

**Loreley New York**: Wer in New York Lust auf deutsche Spezialitäten bekommt, geht ins Loreley. Hier gibt es Nürnberger, Schnitzel, und vor allem deutsche Biere. Loreley Restaurant und Biergarten 7 Rivington St NY 10002.

**Martinique**: Zu den Kleinen Antillen gehörende Insel in der Karibik mit dem Hauptort Fort de France.

**Montego Bay**: Stadt im Nordwesten Jamaikas. Liegt an der gleichnamigen Bucht und an der Mündung des Flusses Montego.

Skulptur des Wasserträgers Hummel.

**Nassau**: Hauptstadt des Inselstaates im Nordatlantik. Die Bahamas sind ein Teil der Westindischen Inseln. Durch die Steuerpolitik sehr beliebt bei der Kreuzfahrt- und Handelsschifffahrt als Billigflagge.

**Panama**: Staat in Mittelamerika. Im Westen Costa Rica, im Osten Kolumbien. Dazwischen verbindet der Panamakanal die Karibische See mit dem Pazifik. Die Hafenstadt Cristobal befindet sich an der karibischen Küste, am östlichen Eingang des Panamakanals, und ist heute Ausgangspunkt der Panamakanal Kreuzfahrten.

**Pier**: Anlegestelle für Schiffe im Hafen.

**Port Everglades**: Seehafenstadt Floridas mit großem Containerhafen und Basishafen der Kreuzfahrtschiffe.

**Reede**: Anker- oder Liegeplatz eines Schiffes vor dem Hafen. Bei Kreuzfahrtschiffen werden die Passagiere von hier aus mit den sogenannten Tenderbooten an Land oder von Land an Bord gebracht.

**San Blas Islands**: Inselgruppe mit 365 Inseln im Karibischen Meer, östlich des Panamakanals. Die Inseln sind autonomes Gebiet, und Heimat der Kuna-Indianer mit Ihrer eigenen Sprache. Beliebt sind ihre Nähkunstwerke, die sogenannten „Molas".

**San Juan**: Hauptstadt des Inselstaats Puerto Rico, welche 1521 von den Spaniern gegründet wurde.

**Santa Cruz de Teneriffa**: Eine der beiden Hauptstädte der Kanarischen Inseln im Atlantik.

**Seemannssonntag**: Jeden Donnerstag gibt es auf See für die Besatzung ein besonders gutes Essen. Dies geht zurück auf einen alten Brauch bis ins Mittelalter.

**Southampton**: Hafenstadt an der Südküste Englands. Von hier aus startete 1912 die *Titanic* zu ihrer ersten und letzten Reise.

**Steelband**: Entstanden um 1930 in Port of Spain, Trinidad. Die Musiker spielen mit Bambusstöcken, Löffeln etc. auf Metallbehältern wie Büchsen, Kesseln, später auf Ölfässern.

**Tanger**: Marokkanische Stadt an der Nordafrikanischen Küste westlich der Straße von Gibraltar.

**Trinidad**: Größte Insel der Kleinen Antillen in der Karibik, mit der Hauptstadt Port of Spain.

**Virgin Islands**: Die Jungferninseln, mit St. Thomas, einer der Hauptinseln, ist eine Inselgruppe der Kleinen Antillen zwischen Atlantik und der Karibik, 1493 von Christoph Kolumbus entdeckt.

## Erzählungen von Heidi Jorek und Hans Jochen Beth

Heidi Jorek erzählte dem Autor beim Jahrestreffen des Club TS *Hamburg* am 29. Oktober 2011 im Logenhaus in Hamburg:

„Ich bin im Januar 1960 an Bord der *Hanseatic* gegangen, und Herr Klamann war Chef des Friseur-Salons. Wir sind in Cuxhaven eingestiegen, das war im Januar. Eigentlich war die Nordsee recht ruhig, aber ich war so seekrank. Es war ganz, ganz schlimm, und nach dem 4.-5. Tag Atlantik hat mein Chef dann gesagt: Heidi, jetzt müssen wir zum Arzt gehen, das geht so nicht weiter. Ich habe nur gebrochen, also da lag ich einen Tag und eine Nacht in einem Schlingerbett, das ist wie eine Wiege. Es ist ein richtiges Bett mit Schrauben, vorn und hinten, das wird losgemacht, wie ein Schaukelbett, und nach einer Zeit, ja so nach 10-12 Stunden wurde das immer fester gedreht, ja und dann bin ich aufgestanden, und ich war nie wieder mehr seekrank." Heidi Jorek lacht …

„Ich bin ja fünf Jahre insgesamt gefahren, ich war auf der *Hanseatic* von 1960-63, ich bin dann auf das schwedische Passagierschiff *Kungsholm* gegangen. Ja, meine erste große Reise, ich war jung, ich war keine 20 …" Heidi lacht „Jetzt weißt Du, wie alt ich bin … Als junges Mädchen so in New York ist das natürlich eine aufregende Angelegenheit. Es war sehr schön, wir sind dann weiter nach Florida-Fort Lauderdale, Port Everglades, wir haben dann die Westindien Reisen gemacht, das war natürlich auch ganz toll. Wir waren drei Monate unterwegs, bevor wir wieder nach Hamburg gekommen sind. Ja, und bei den Atlantikreisen später hatten wir sehr viel Sturm und viele verunfallte Passagiere. Es war ganz schlimm gewesen, an Bord die Stühle und Tische und was nicht alles ... Und weiß du, wenn man dann in der Koje liegt und nicht mehr schlafen kann, sondern dauernd rausfällt, da haben wir uns – egal ob Männlein oder Weiblein – unsere Matratzen genommen, und in den Gang auf den Fußboden gelegt, dass wir nicht rausfallen! Also es war sehr aufregend, aber ich muss sagen ich hatte keine Angst, nie. Obwohl es manchmal ganz, ganz schlimm war. Ja, wichtig war auch, dass ich gute Kollegen hatte, und die hatte ich! Einen sehr, sehr guten Chef, Herr Klamann, er war einmalig als Chef! Wir waren im Damensalon mit mir zwei Mädchen und ein Herr, und im Herrensalon war ein Herr mit dem Chef. Aber ja es war für mich sehr sehr schön.

Und bei einer Reise später hatten wir einen Studenten, der sollte in Amerika studieren und irgendwie, warum weiß ich nicht, ist er jedenfalls über Bord gegangen, aus der 1. Klasse. Er wurde nie wieder gefunden. Ja, so kommt es manchmal, ich weiß nicht warum, vielleicht war er seekrank oder er wollte nicht mehr, ich weiß nicht aus welchem Grund. Es war natürlich tragisch, so eine Sache, die schon sehr traurig war.

Aber ich kann nur sagen, im Großen und Ganzen war ich sehr glücklich. Ja, dann einmal, als wir in New York waren, auf der anderen Seite am Pier lag die *Kungsholm*, ein schwedisches Passagierschiff, und da hab ich dann mal raufgefragt: Könnt ihr mich auch gebrauchen als Friseurin? Und wo fahrt ihr hin? Wir machen jetzt eine Weltreise, hieß es. Das war natürlich was, meine Ohren wurden immer größer ... Weltreise – hatten wir mit der *Hanseatic* nie gemacht. Dann bin ich zum Chef, ich muss abmustern, aber erst später in Hamburg. Dann bin ich innerhalb von kurzer Zeit nach Schweden gefahren, und habe auf der *Kungsholm* über drei Jahre gearbeitet. Es war sehr, sehr schön. Ich muss sagen es war meine schönste Zeit des Lebens, diese Reisen als junges Mädchen, ja ich habe Freunde gewonnen, und die habe ich heute hier noch!"

**Heidi Jorek auf ihrer ersten Fahrt kurz hinter Cuxhaven – und seekrank**

Hans Jochen Beth, Drucker in der Borddruckerei, erzählt:

„Ich bin eingestiegen im Januar 1965 zur Columbus-Reise als Borddrucker, so nennt sich das. Ich bin gelernter Schriftsetzer, aber Schriftsetzer und Drucker an Bord heißt alles Drucker. Es gab einen 1. Drucker und zwei 2. Drucker, und ich war einer der 2. Und dann haben wir die sogenannte Columbus-Reise gemacht, in die Karibik, nach Fort Lauderdale. Wir hatten sehr viel Sturm auch, in der Biskaya, also ich bin ja eigentlich ziemlich resistent gegen irgendwelche Seekrankheiten, aber es ging drei Tage und drei Nächte, vergesse ich nie, unentwegt rauf und runter, und wir mussten immer noch mit den Bleibuchstaben arbeiten, also regelrecht die Schriftkästen mit den 144 Fächern und den Bleibuchstaben, und dann ging das immer so schön auf und ab, das war nicht so einfach. Und es gab ja auch keinen 8-Stunden-Tag oder was, da musste man 16 Stunden arbeiten, und der 1. Drucker hat nie gesagt „Feierabend", der hat uns knüppeln lassen ohne Ende. Ich war ja nun ganz neu, ich hab gedacht, jetzt ist mir das alles egal, und wenn ich jetzt hier 100 Stunden hintereinander arbeite, ich mach es, ich mach es einfach, ich jammere nicht nach Feierabend. Er hat uns arbeiten lassen, und nachher hat er gesagt, so, die Feuertaufe hast du bestanden mein Junge!" Jochen lacht. „Nach dem Törn war alles ok, er wollte wissen, ob man arbeiten kann, auch unter schweren Bedingungen. Naja, und denn, der Mann war rührend eigentlich, hat uns immer Essen angeschleppt, er hatte sehr gute Verbindung zum Chefkoch, das war die-

ST. PATRICK'S DAY

*Sun-Way Cruise*
*to the West Indies and South America 1960*

Chef's Suggestion

Blue Point Oysters in half Shell
Cook o leeki Soup
Fried Pompano Amandine, Parsley Potatoes
Lamb Chops Maitre d'hôtel
Lima Beans, French Fried Potatotoes
Water Cress Salad
Ice Cup "St. Patrick"
Mocha

Consult Wine List for selection of Wines and other Table Beverages
Today's choice:
1956er Wehlener Sonnenuhr Fuder 15
1954er Château Mouton Rothschild

Special dishes for diets see the Maitre d'hôtel

On board S.S. "Hanseatic" - Thursday, March 17th, 1960

*Dinner*

**Cocktails**
Sliced fresh Hawaiian Pineapple with Kirsch
V 8 Vegetable Cocktail Grape Juice

**Hors d'œuvre**
Blue Point Oysters in half Shell
Chilled Honey Dew Melon Hearts of Table Celery California Green and Ripe Olives
India Relish Salad Figarro Smoked Country Sausage
Sardines in Oil Smoked Salmon Swedish Delikatessen

**Soups**
Cream of Tomato Soup Solferino Cook o leeki Soup
Cold: Vichyssoise with Chives

**Fish**
Fried Pompano Amandine, Parsley Potatoes
Poached Salmon Trout St. Patricks leeks

**Farinaceous**
Buttered Vermicelli, Clam or Tomato Sauce

**Entrée**
Stuffed Bartlett Pear "King Kong", Sour Cream
Spring Chicken Cacciatore Casserole

**Special Today**
Roast Leg of Venison, Creamed Gravy, Mushrooms, Croquette Potatoes
Sugar Cured Virginia Ham Burgundy, Buttered Leaf Spinach, Dauphine Potatoes

**From the Grill** (15 Minutes)
Lamb Chops Maitre d'hôtel, Lima Beans, French Fried Potatoes, Water Cress Salad
Shashliks à l'Oriental, Rice Pilaw

**Vegetables**
Mushrooms Cabbage Turnips Artichokes Hollandaise Buttered Leaf Spinach

**Potatoes**
Boiled, Mashed, Baked Sweet, Baked Idaho, Croquette, Dauphin, French Fried Potatoes

**Cold Buffet**
Strasbourg Goose Liver en Croute, Sauce Cumberland
Corned Brisket of Beef, Creamed Horseradish Roast Beef, Sauce Rémoulade
Lobster Salad "Monte Christo" Stuffed Eggs Cardinal Westphalian Ham Rolls
Dietary Dish with Sour Cream and Lemon

**Salads**
Lettuce Romaine Water Cress Cucumber Mixed

**Dressings**
French Roquefort St. Regis California Cream

**Dessert**
Sachar Roulade Cherry Jello Tart of Pears
Mixed Californian Compote Cookies

**Ice Cream**
Ice Cup "St. Patrick" Chocolate-Mint, Strawberry Ice Cream, Wafers

**Cheese**
Holland Gorgonzola Brie Philadelphia Cream with Bar le Duc
Pumpernickel Crackers Pretzelets Red Radishes
Fresh Fruit Basket

**Beverages**
Coffee Sanka Nescafé Milk Cream
China Tea Camomile Tea Lime Blossom Tea

**Speisekarte von Bord der *Hanseatic***

ser legendäre Sir Richard, Meisterkoch nannte er sich, und da hatte die Druckerei Beziehung, weil wir ja immer die Speisekarten gedruckt haben, und er hat uns immer nur handschriftlich reingegeben, was wir reinnehmen sollten in die Speisekarte, und er war, muss ich sagen, des Deutschen nicht ganz so mächtig, also der genauen Orthographie. Wir haben dann immer schön korrigiert, das wusste er auch, und deswegen hatten wir immer einen Freibrief, wir konnten immer abends schöne Eisbecher kriegen oder Hummersuppe. Die besten Sachen schleppte unser „Erster" immer ran für uns beide Zweiten und da haben wir schön immer gegessen, wunderbar gegessen in unserer Druckerei.

Ja, und das waren so die schönen Erlebnisse. Dann wurden wir in Fort Lauderdale, so richtig empfangen mit Musikkapelle, wie es früher war. Ganz toll von den Amerikanern da, und dann haben wir die Karibik Reisen gemacht, immer ungefähr eine Woche. Wir hatten insofern Glück, es waren ungefähr immer dieselben Speisen in etwa, wir brauchten nur mal ein Neben- oder Hauptgericht auswechseln, denn man musste ja alles immer setzen. Das hatten wir als sogenannten Stehsatz stehen, wir brauchten nur ein bisschen korrigieren, und dann hatten wir ein leichteres Leben. Bei der Atlantikfahrt bekamen 1. und 2. Klasse getrennte Karten in Deutsch und Englisch, es war also die vierfache Arbeit. Das war schwierig und in der Karibik war es immer in Englisch, da hat man sich ganz gut eingefunden damit und nach den ersten Tagen ging es dann wunderbar ran!

# Das Modell der „Schönen Hamburgerin“ TS *Hanseatic*

Es war sozusagen Liebe auf den ersten Blick! Und zwar im tiefen Keller eines ehemaligen Modellbauers stand das gute Stück, jahrzehntelang, verstaubt im Rohbau in Spant-Bauweise. Schnell waren wir uns einig, dann ab ins Auto, was längenmäßig gerade noch so passte. Zuhause auch noch mal in den Keller, da zuerst ein laufendes Projekt zum Abschluss gebracht werden sollte. Zwischendurch immer wieder mal in den Hobbyraum, um sich schon Gedanken zur Vollendung zu machen. Wie und was lässt sich in dieser Größe realisieren? Der dazugehörige Bauplan von Helmuth Kupschus im Maßstab 1:200 (Modelllänge 103 cm) ist einfach gehalten, wenig Details, Kleinteile. In meinem Maßstab (1:100) sollte genauer abgebildet werden. Also ab ins Internet. Gefunden habe ich das Buch mit vielen Bildern von Vehrs

**Mit „WS"-Plan die „Hanseatic" selbst bauen!**

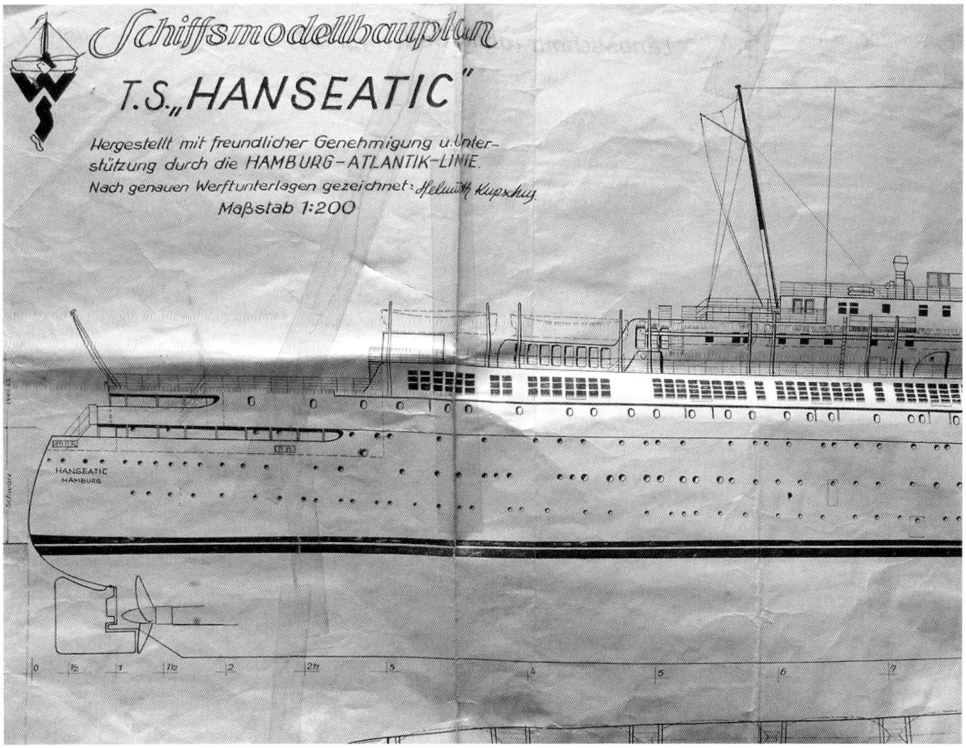


Auszug aus dem 1:200-Bauplan der ***Hanseatic*** von Helmuth Kupschus (erhältlich beim VTH: Bestellnummer: 321 4870 · 26,– €)

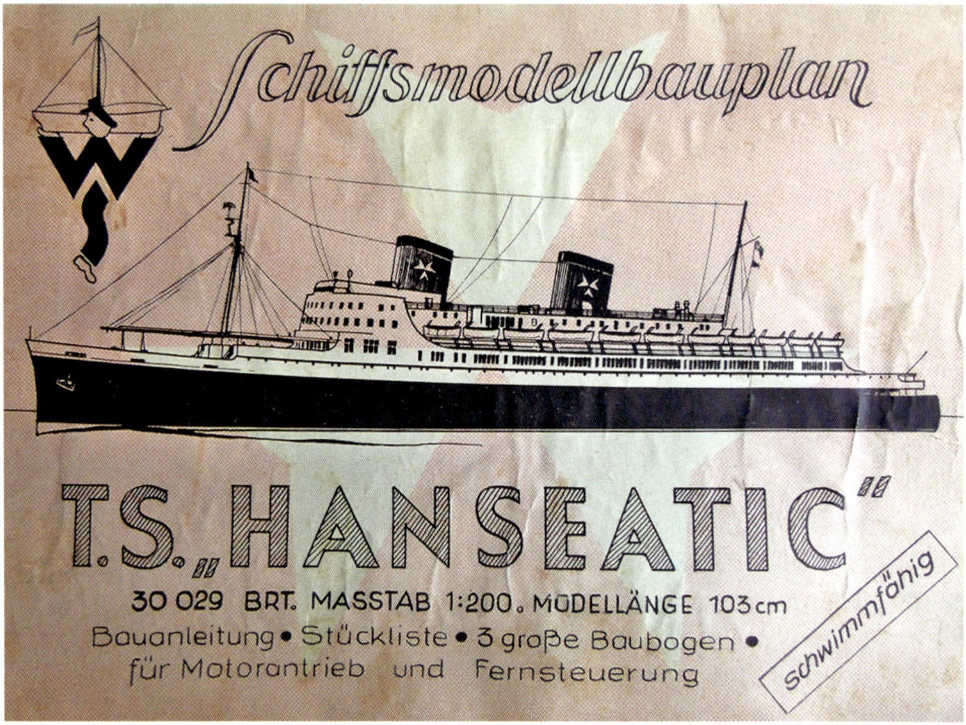


**Das Originaltitelblatt der früheren Auflage des Bauplans**

**Titel des Hanseatic-Buches von Vehrs und Heinsohn**

und Heinsohn: „T.S. *Hanseatic* – Die Geschichte einer „Schönen Hamburgerin" (nur noch mit Glück antiquarisch zu finden), auch die Homepage der ehemaligen Köche des TS *Hamburg* (club-ts-hamburg.de) ist sehr empfehlenswert, und sehr hilfreich. 1959 wurde ein Film mit Heinz Ehrhardt, „Drillinge an Bord" zumindest teilweise an Bord der *Hanseatic* gedreht. Auch hier sind ein paar Details zum Bau verwertbar.

Endlich der Tag das „Dornröschen" wach zu küssen, es konnte losgehen. Zuerst war intensive Grundreinigung der Kellerpatina angesagt – Bref Power Fettlöser ist hier ein Geheimtipp. Dann viel ausbessern, spachteln, schleifen des Rumpfes. Die Vorarbeit stellt sich als sehr solide heraus. Spanten aus mehrfach verleimtem Schichtsperrholz, Beplankung aus zwei Schichten 1,5-mm-Flugzeugsperrholzplatten. Alles wird penibel auf Schäden oder Risse inspi-

▲ Aufarbeitung des erworbenen Rohbaus

Der alte Decaperm-Motor wirkt auf ein solides Messing-Getriebe ▼

Die verwendeten alten Kupplungen

ziert und kontrolliert. Ich finde glücklicherweise nichts, doch sicherheitshalber wird der Rumpf im Inneren mit wasserfestem Holzleim ausgekleidet. Das ergibt nach Trocknung eine flexible zähe Zusatzschicht und beruhigt die eventuell aufkommenden „Titanic-Ängste“ …

Dann die Überlegung wie wird motorisiert? Ein altbewährter 6-Volt-Decaperm-Motor findet sich in der Motorenkiste. Auch ein altes solides Messinggetriebe zum Anschluss an zwei Wellen, was auch gleich justiert und montiert wird. Interessant sind hier die Kupplungen für die Schiffswellen, die es heute so nicht mehr gibt. Der Probelauf verläuft reibungslos auf zwei alte 6-cm-Messingpropeller, die vorher mit Politur (Aral Chrompflege) auf Hochglanz gebracht werden.

Als Manövrierhilfe auf den Modellgewässern entscheide ich mich für den Einbau ei-

Die verwendeten Messing-Propeller werten das Modell enorm auf ▼

◀ **Das zusätzlich eingebaute Bugstrahlruder hinter dem durchsichtigen Schott**

nes Bugstrahlruders der Firma robbe. Das ist zwar nicht originalgetreu, aber Manövrierfähigkeit und somit Sicherheit gehen vor, bei einem Fahrmodell dieser Größe. Mit einem 28er-Forstnerbohrer wird nach genaustem Ausmessen und Anzeichnen vorsichtig die Bordwand im Bugbereich bearbeitet. Alles geht gut, dann die zwei Anschlussrohre durch die Löcher schieben, auf den Mittelteil stecken, und sehr sorgfältig mit Stabilit verkleben. Nach Aushärtung dann die Einheit mit dem Motorflansch mittig nach oben ausrichten und beide Rohre abermals innen penibel mit der Bordwand ver-

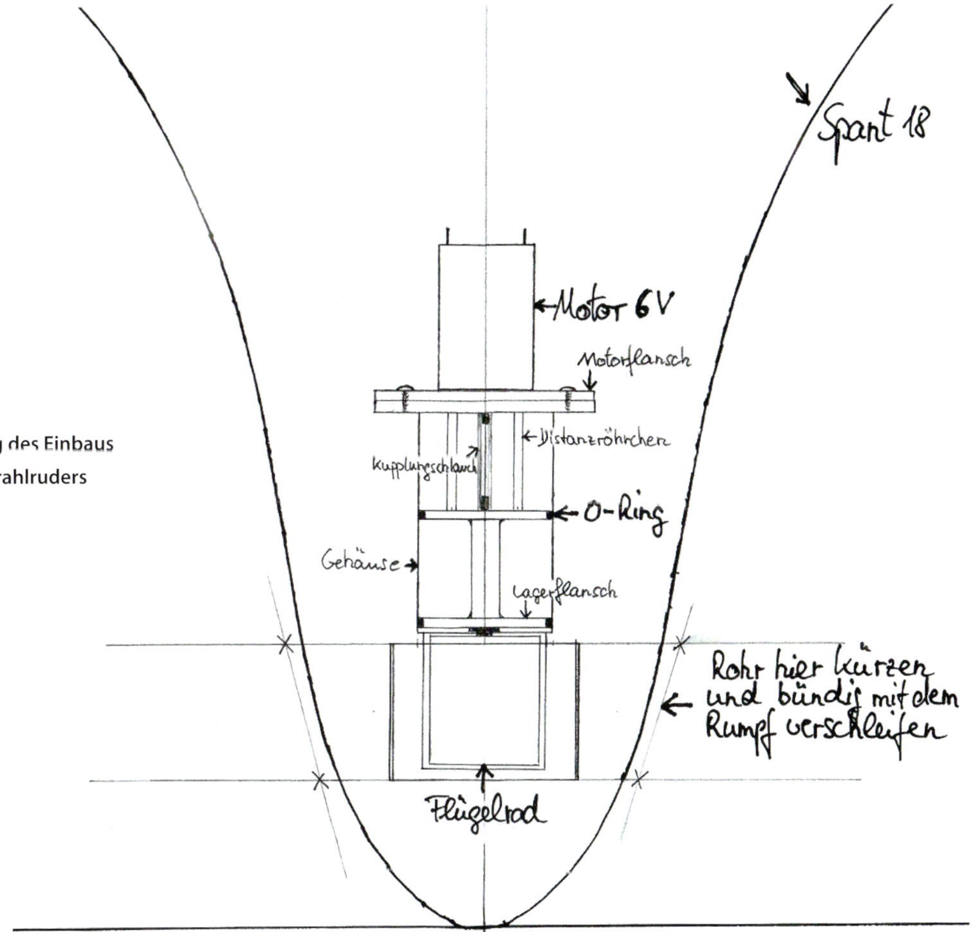


**Zeichnung des Einbaus des Bugstrahlruders**

Fertig eingebautes Rohr des Bugstrahlruders

Eingebautes Bugstrahlruder von oben gesehen

**Das Ruder des Modells ist größer als maßstäblich, um den Wendekreis zu verkleinern ▸**

binden, welche vorher an den Klebestellen gut angeschliffen wird. Dann die überstehenden Teile außen absägen, und alles bündig mit der Bordwand verschleifen, und verspachteln. Angetrieben wird das Flügelrad des Bugstrahlruders mit einem 400er-Motor, über den V15R 15-Ampere-Regler von Graupner, gespeist von einem 6-Volt-Bleiakku. Eine Funktionskontrolle wurde natürlich durchgeführt. Eventuell auftretende Quietschgeräusche beseitigt man durch leichtes Drücken des Flügelrades nach oben mit einem feinen Schraubenzieher, sodass dieses nicht den Mittelteil unten berührt, die Schlauchkupplung aus Kunststoff ist ja flexibel. Später in Aktion dreht das Bugstrahlruder den Bug ganz sachte nach Back- oder Steuerbord.

**Angesteuert wird das Ruder von einem Standardservo ▾**

Das Ruder der *Hanseatic* aus 8-mm-Sperrholz wird ein Stückchen größer angefertigt, zwecks engerem Wendekreis, angesteuert von einem Standardservo.

Fließbandarbeit war dann das Anzeichnen und Ausbohren der 332 Bullaugen mit einem Durchmesser von 5 mm. Um gleich große, nicht ausgefranste Löcher zu erhalten, achte man auf einen scharfen Bohrer, einen 90-Grad-Winkel, eine ruhige Hand und einen kühlen Kopf. Die unterste Reihe, nah am Wasser, habe ich mir aus Sicherheitsgründen gespart. Der Rumpf ist dann nach dem Anzeichnen der Wasserlinie zum Lackieren bereit. Hier hilft der Wasserlinienmarkierer der Firma Krick (Bestell-Nr. 473780). Diesmal entscheide ich mich für glänzende Farben. Das Unterwasserschiff rostrot, Wasserpass feuerrot, dann tiefschwarz, Schanzkleider und Aufbauten reinweiß. Wenn man heute den Ozeanriesen *Queen Mary 2* betrachtet, könnte man meinen, die Farbgebung ist von der Hanseatic abgekupfert!? Betrachten wir uns doch mal ein Bild der „Queen" und die technischen Daten als Vergleich.

Das Flaggschiff der Cunard Line gehört zu den größten Passagierschiffen, die da wären: *Allure of the Seas* (Verlockung der Meere) und *Oasis of the Seas* 361 m sowie *Disney Fantasy* 339,5 m und *Freedom of the Seas* 338,75 m. Die „Queen" ist das drittlängste mit 345 m, vermessen mit 148.582 BRZ. Am 8.1.2004 von Queen Elisabeth II. getauft, braucht der klassische Transatlantikliner sieben Tage von Southampton nach New York. 1.310 Kabinen stehen für bis zu 3.090 Passagiere zur Verfügung, welche von 1.253 Besatzungsmitgliedern umsorgt werden. Im Juli 2004 war Sie das erste Mal in Hamburg. Reparaturen und Wartungsarbeiten werden bei Blohm + Voss durchgeführt. Angetrieben von vier Dieselmotoren und zwei Gasturbinen erreicht das Schiff eine Höchstgeschwindigkeit von mehr als 30 Knoten durch

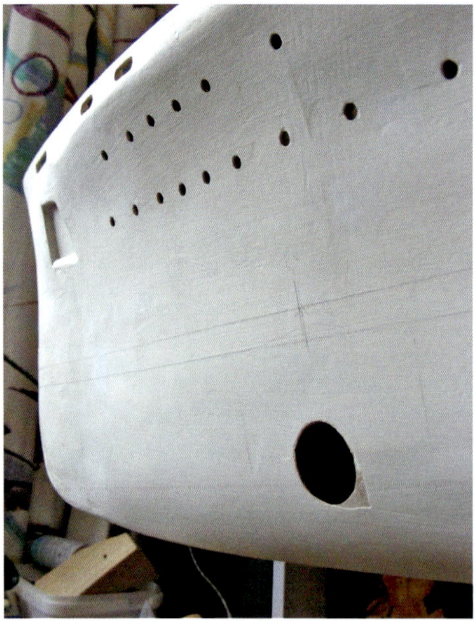

**Rumpf fertig zum Lackieren mit angezeichnetem Wasserpass, das Bugstrahlruder wird noch eingebaut**

**Der Wasserlinienmarkierer von Krick – eine große Hilfe**

Der Rumpf wird tiefschwarz lackiert

Die ***Queen Mary 2*** läuft aus Hamburg aus

Die *Allure oft he Seas*, das derzeit größte Kreuzfahrtschiff der Welt (Foto: Royal Caribbean International)

die vier Rolls-Royce-Propellergondeln, zwei vorne starr, zwei achtern um 360 Grad drehbar, auch Azipod-Antrieb genannt. Antriebsleistung 116.940 PS. Die Vierblatt-Festpropeller aus Edelstahl haben einen Durchmesser von 5,60 m und wurden in Waren-Müritz hergestellt. Als Manövrierhilfe sind am Bug drei Bugstrahlruder eingebaut. zwei Paar Flossenstabilisatoren von je 70 Tonnen Gewicht lassen den Liner bei Sturm ruhiger in der See liegen. Die 106 Tage dauernde Weltreise kostet von billigster Innenkabine 16.000 Euro bis zu 170 000 Euro im Grand Duplex Appartement. Verwöhnt werden die Gäste in sieben Restaurants, mit einer Bibliothek von 8.500 Büchern, dem weltweit größten Weinkeller auf einem Schiff mit 17.000 Flaschen in 200 Sorten. Für den Fall der Fälle steht eine Leichenhalle für vier Särge zur freien Verfügung! Jetzt aber schnell zurück zum Modell!

Lackiert wird in drei Schichten mit Pinsel und Farbrolle, immer mit einem Zwi-

Diese Buchstaben ergeben die Namenszüge am Modell

schenschliff. Natürlich wird vorher mit Klebeband abgeklebt, nur so sind saubere Linien vorprogrammiert. Nach Trocknung fehlen noch die Namenszüge am Bug und Heck. Hier bestellte ich von Steingraeber fertige weiße 7-mm-Buchstaben aus Polystyrol, welche von der Größe her genau passen und vorsichtig mit Sekundenkleber ihren Platz auf der Lackierung einnehmen. Dann wird die Decksbeplankung verschliffen, ausgebessert, ergänzt, und mehrfach guter Bootslack aufgetragen. Nun die Bullaugen mit durchsichtiger Folie (1 mm stark, eine Seite matt innen, eine glänzend außen) hinterklebt. Meine eigentlich schier endlose Geduld wurde hier sehr strapaziert, da die Löcher meist unzugänglich sind, und ich erst im 2. Anlauf den geeigneten Kleber (Ruderer) für das Material gefunden habe. Warum die viele Arbeit? Das Modell wird natürlich beleuchtet. Insgesamt ca. 50 Glühbirnchen á 6 Volt/80 mA, in der Hauptleitung mit einer Sicherung versehen, lassen später meine *Hanseatic* bei Dunkelheit erstrahlen. Ich entscheide mich gegen LED, da der Farbton der Birnchen doch viel wärmer erscheint. Der Stromverbrauch steht hier nicht zur Diskussion, da ausreichend Platz für entsprechende Akkus vorhanden ist. Auch dies ist ein zeitintensiver Arbeitsgang mit Verlegung der Kabelstränge und Einpassen der Schraubfassungen für die Birnchen.

Das Oberdeck mit seinen zwei Schornsteinen und hinterem Mast wird so gestaltet, dass man es komplett abnehmen kann, um Akkus und Ballast, wie die zwei schweren 12 Volt/15 Ah-Bleiakkus, im Inneren platzieren zu können. Auf die Kleinteile gehe ich nicht im Einzelnen ein. Vieles habe ich nach Fotos reproduziert, einiges auch als Zubehör

**Das fertig lackierte Modell noch auf der heimischen Helling**

▼ Bei Dunkelheit lassen die vielen Glühbirnen das Modell erstrahlen ▲

Im Rumpf ist genügend Platz für Akkus gegeben

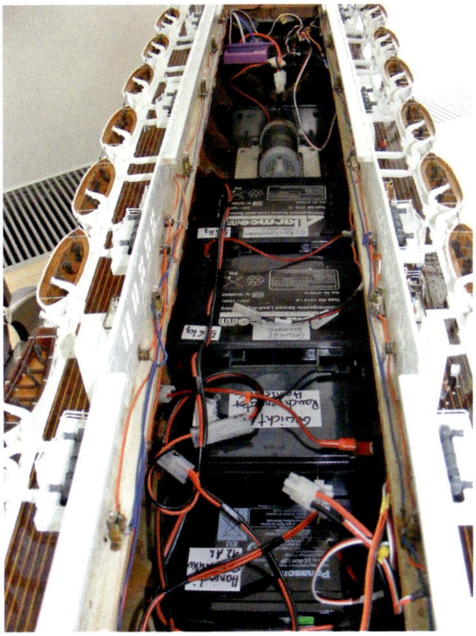

Die Bleiakkus im Inneren des Modells

Das Oberdeck der ***Hanseatic*** lässt sich komplett abnehmen

aus dem Fachhandel besorgt, da der Stapellauf nicht erst in Jahren stattfinden sollte. So die 24 Rettungsboote, Davids und Winden dazu. Das Hauptwahrzeichen der *Hanseatic* sind die feuerroten Schornsteine, aus einem Sperrholzgerüst hergestellt und beplankt. Im inneren Teil zwei Messingrohre als Rauchabzüge mit 2,8 cm Durchmesser, auf welche von unten die Rauchgeneratoren gesteckt werden. Ich bestelle zwei von Jojo-Modellbau im Internet, mit Trockenlaufschutz und integriertem Minilüfter und das dazu passende Smoke-Fluid auf Petroleumbasis. Der Betrieb kann laut Hersteller mit 8-24 Volt Gleich- oder Wechselspannung erfolgen, bei einem Stromverbrauch von ca. 500 mAh. Fassungsvermögen des Tanks ca. 75 Tropfen Nebel-Öl. Tipp: Den Tank erst kurz vor dem Wassern des Modells befüllen und nicht bis zum Rand, da dieser oben offen ist, und bei Schräglage ausläuft. Später soll sich diese nicht ganz so preisgünstige Anschaffung als goldrichtig erweisen. Die kräftig aus zwei Schornsteinen dahindampfende *Hanseatic* sieht einfach toll aus! Im Original waren es Leichtmetallschornsteine mit vorne neun und der hinten elf Tonnen Gewicht. Das Reedereizeichen, die drei weißen nach innen zeigende Pfeilspitzen habe ich aus 0,8-mm-Sperrholz geschnitten und wurden nach der Lackierung aufgeklebt. Auch hier darf die Beleuchtung nicht fehlen: Je zwei Scheinwerfer rücken die Schornsteine ins rechte Licht.

Besonderen Spaß hat mir dann der Bauabschnitt „Pool-Deck" gemacht. Das Außenschwimmbecken, nur für 1. Klasse Passagiere, hat die richtige Tiefe. Als täuschend echte Wasserimitation dient eine klare Kunststoffplatte mit Wellenprofil. Unterhalb der Wasserlinie grüne Lackierung und natürlich eine Unterwasserbeleuchtung mit Glühbirnchen. Die Schutz-Reling besteht aus Eisendraht mit weißer Gummischnur. Die halbrunde Sitzbank aus Mahagonifurnier. Nicht fehlen dürfen die Einstiegsleitern aus Messingdraht, Stühle, Liegestühle, Tische, Handtücher aus echtem Stoff oder Lack-

Die 24 Rettungsboote sind Fertigteile, die nur noch bearbeitet wurden

Erkennungsmerkmal
der ***Hanseatic***:
Die feuerroten Schornsteine

**Die Rauchgeneratoren von Jojo-Modellbau**

**Die Rauchgeneratoren wirken optimal**

folie, Niedergänge, richtige Verglasung als Geduldspiel an den Fenstern der Windschutzseitenwände. Später wurden diese auf dem oberen Rand mit einer bunten LED-Lichterkette von Faller ausgeschmückt. Diese wurde dazu in der Mitte getrennt und bekam einen extra Kippschalter und Anschluss an 12 Volt. Zu guter Letzt Passagiere, Badende, Stewards. Weiter hinten zwischen den zwei weißen Fahrstuhlaufbauten wird ein filigranes Gerüst aus Messingdraht gelötet. Hier kann ein Sonnenschutzdach bei Reisen in südliche Gefilde angebracht werden. Runde Tische stellte ich aus weißem Polystyrol mit einem Locheisen her, die feinen Stühle sind von Faller (Eisenbahnzubehör H0).

Als Extra-Bauabschnitt ist die gesamte Reling zu bezeichnen. Zum Glück gibt es Fertigteile, drei- und vierzügig, der Handlauf wird nach viel Feinbohrarbeit, Zurechtbiegen und dem Einkleben aus 0,8-mm-Messingdraht zusätzlich aufgelötet, dann alles entfettet, angeschliffen und lackiert, gesamt über sieben Meter Länge. Als nächste Baugruppe habe ich mir die Rettungsmittel vorgenommen. Die Davits sind Fertigteile, welche an den Befestigungspunkten leicht verlängert werden. Nach peinlichst genauem Messen werden diese dann gestiftet mit Epoxidharz an Deck und Aufbau verklebt. Die Rettungsboote bleiben offen, ohne Persenning. Innen wird zweimal holzfarben lackiert. Eine Sisyphusarbeit sind die 72 Manntaue zum Abseilen (drei Stück pro Boot).

Dann zur Entspannung die Ausstattung am Bug und Heck. Winden, Poller, Lippen, Luken, Schiffsglocke, Wellenbrecher, Anker mit Ketten, Flaggenmast und Ladebaumhalterungen, Taue. Der vordere Mast wird konisch verschliffen, mit dem Ausguck, Leitern, Podesten, Decks-

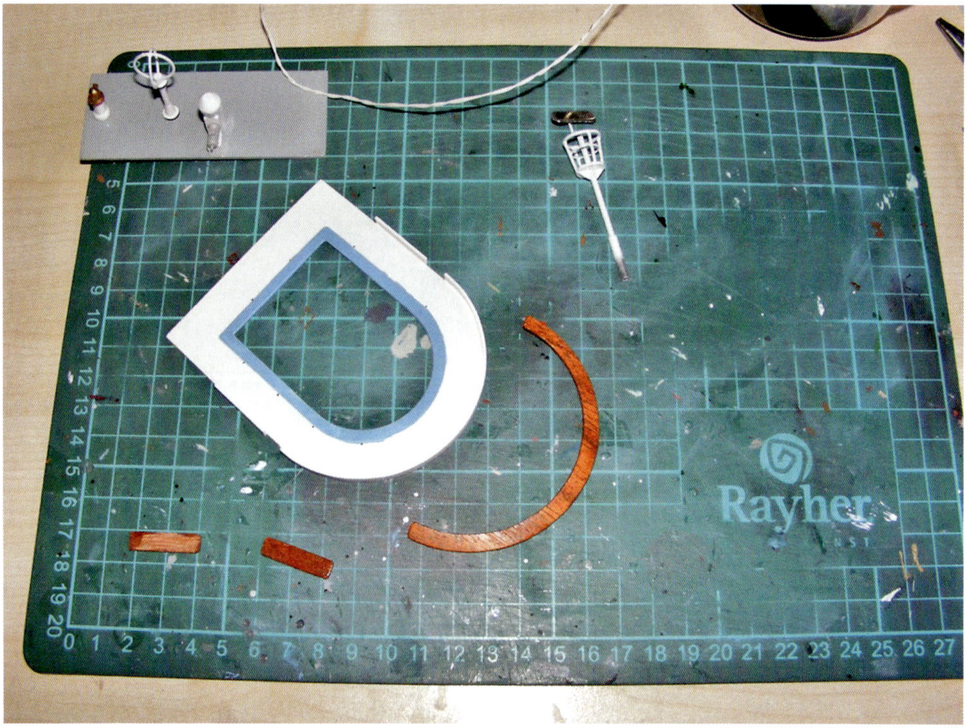


Bau des Pools

Der fast fertige Pool-Bereich des Modells

Lötarbeiten am Sonnenschutzgestell

Bau der Tische und Stühle des Pool-Decks

Genau ausgerichtet wurden die Davits montiert

beleuchtung, Topplicht, Radar ausgeschmückt. Besonders viel Mühe habe ich mir bei den sechs Ladebäumen mit den Flaschenzügen, Haken, Blöcken und den Befestigungen gegeben. Alles nach Fotos aus dem Buch. Dank an die Fotografen und Herrn Walter Vehrs, den ich beim letzten Jahrestreffen des Club TS Hamburg persönlich kennengelernt habe. Hier habe ich die 22 Lampen auf dem Promenadendeck zwischen den Boots-Davits auf einem Foto entdeckt. 1,5-mm-Messingdraht wird abgelängt und halbrund gebogen. 6-mm-Halbkugeln gibt es fertig, noch Löcher gebohrt, angeklebt, weiß lackiert, und fertig sind sie! Ich dachte zuerst an Beleuchtung mit SMD-LED, habe es dann doch (noch) nicht ausgeführt.

Dann die Takelage mit bunter Beflaggung. Das Flaggenalphabet wird hier verwendet. Mehr Leben an Bord musste noch her, als letzte Baugruppe die Passagiere und Crew. Hier greife ich

Fließbandarbeit:
Fertigung der insgesamt
72 Manntaue

▲ Kleinteile zur Decksausgestaltung

zur Hälfte auf fertige H0-Figuren von Preiser zurück, die andere Hälfte bemale ich selbst. Gefunden habe ich unbemalte Figuren im 1:100er Maßstab im Architekturbedarf. H0-Figuren haben den Maßstab 1:87, da Menschen ja auch groß und klein, dick und dünn sind, mischt sich das gut. Bemalt wird mit Enamel- und Aquafarben mit feinem Pinsel, zuerst Hautfarben, Haare, dann die Bekleidung. Es geht gerade noch ohne Lupe und eine ruhige Hand habe ich. Platziert dann in kleinen Grüppchen, und mit Sekundenkleber fixiert. So die Autoverladung, Pausengespräch der Köche und Stewards, das Familienfoto, Shufflebordspiel auf dem Promenadendeck, Tischtennis auf dem Sportdeck. Bis jetzt beleben ca. 300 Figuren die *Hanseatic* mit steigender Tendenz.

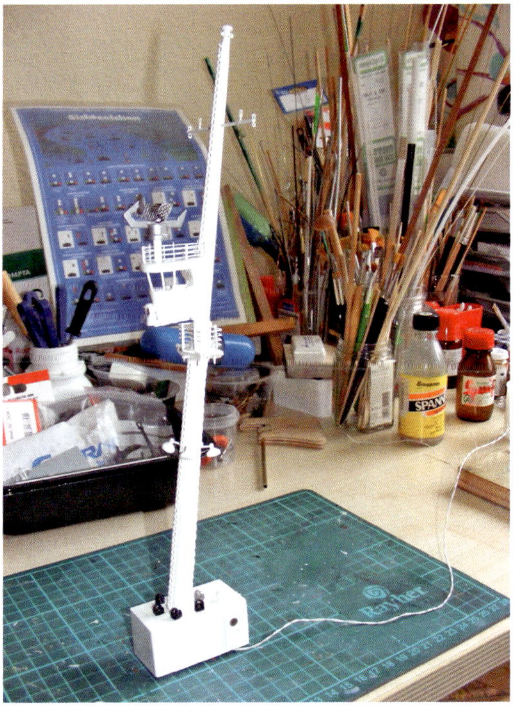

Der vordere Mast ▶

Kleinteile der Ladebäume

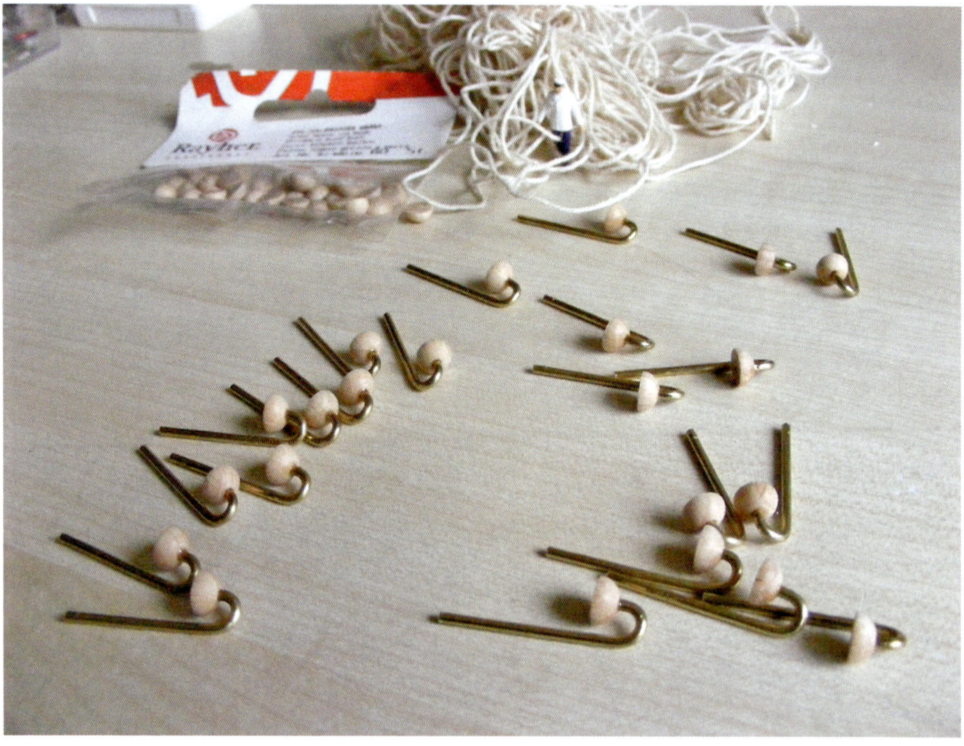
Fertigung der Lampen

Ein Flaggenalphabet dient zum Schmücken der ***Hanseatic***

Passagiere und Besatzungsmitglieder entstehen

Detail einer Autoverladung

Pausengespräch der Köche

Tischtennismatches auf dem Sportdeck

Shuffleboardspiel

**Shuffleboard**

Das Geschicklichkeitsspiel hat seinen Ursprung im 15. Jahrhundert in England. In Tavernen spielte man das Tischspiel Shoveboard, Shovelboard, Shovegroat, Slidegroat, oder Shovelpenny. Geldstücke ließ man so nah wie möglich an die Tischkannte gleiten, später mussten die Pennys in aufgezeichnete Punktefelder rutschen. König Heinrich der VIII (1491-1547) verfügte 1521 per Erlass nur noch die Aristokratie spielen zu lassen (mit wenig Wirkung), da das Volk fast nichts anderes mehr im Kopf hatte und dadurch die Arbeitsmoral enorm litt. Viel später durch die immer beliebter werdenden Ozeanreisen gelangte es zwischen 1870-80 vom Tisch auf die Schiffsplanken. Die Münzen ersetzte man durch Holzscheiben, welche man mit Stangen über das Deck stieß. Das Spielfeld wurde mit Kreide aufgezeichnet. Ein großes Quadrat in neun kleinere aufgeteilt, an zwei Seiten je ein Halbkreis. In den Quadraten Zahlen von 1 bis 9, in den Halbkreisen 10 und minus 10. Es spielen zwei Spieler. Mit den Cues (Schieber) werden die Disks (runde Scheiben) beschleunigt, um auf den Spielfeldern mit den höchsten Zahlen liegen zu bleiben. Erreicht werden können 10-8-7, aber auch -10 Punkte. Jeder Spieler erhält vier Disks 2,45 cm dick und 15,24 cm im Durchmesser, mit einem Gewicht von 325-425 Gramm. Gespielt wird solange, bis eine vereinbarte Punktzahl erreicht ist (meist 75) oder eine bestimmte Anzahl von Frames (Spielerdurchläufe) erreicht ist. Besonderheiten: Disks, auch die des Gegners, dürfen herausgeschossen oder verschoben werden, genauso wie beim Curling oder Eisstockschießen, welche ihrem Ursprung dem Shuffleboard verdanken. Erreicht eine Disk die Dead Line (zu kurz gespielt), wird sie sofort entfernt. Gewertet werden nur Disks, die keine der die Punktefelder begrenzenden Linien berühren. Diese Sportart oder Geschicklichkeitsspiel erfreut sich auch heute auf Kreuzfahrtschiffen und an Land, besonders in südlichen Ländern, großer Beliebtheit.

**Shuffleboardspiel an Bord der *Hanseatic***

**Das Buffet auf dem Pooldeck**

Nach langer Lieferzeit traf endlich das Miniaturzubehör von Preiser für das große Buffet auf dem Pool Deck ein. Speisen aller Art von der Bratwurst mit Pommes bis hin zu Gebäck und Torte, sogar Besteck, Gläser, Bierkrüge, Kaffeetassen mit Unterteller, Blumenvasen usw. sind vorhanden. Auch hier ist das Bemalen ein Geduldspiel und die Lupe nun doch teilweise vonnöten. Die Tische dazu wurden wieder selbst aus Polystyrol hergestellt, die Tischdecken aus dünner weißer Lackfolie aufgeklebt. Das fertige Resultat nach meiner Gestaltungskomposition lässt mir das Wasser im Munde zusammenlaufen. Derartige Buffets hat es wirklich so auf der *Hanseatic* gegeben, wie mir später Heidi Jorek berichtet, insbesondere die Eisschnitzereien als Dekoration waren legendär.

Ein weiteres Ausstattungshighlight ist der elektronische Tanzboden von der Firma Viessmann. Etwas Bewegung muss sein auf meiner *Hanseatic* dachte ich mir, also die drei Damen tanzen und drehen sich um den Herrn in der Mitte, dass es eine Augenweide ist. Wo noch hin damit? Platz habe ich nur noch auf dem zum Glück abnehmbaren Sonnendeck am Heck, was den Einbau erleichtert. Zuerst müssen die Stufen zur Tanzfläche abgeschnitten werden, so ergibt sich ein kleineres Quadrat von 4,5 cm Größe. Damit alles passt, wurde ein Kreis mit einer Papierschablone von 4,3 cm Durchmesser mittig angezeichnet. Zuerst wird grob mit der Kleinbohrmaschine und einer Trennscheibe ein Vieleck ausgeschnitten, dann auf der Kreislinie mit einem 1,5-mm-Bohrer Loch an Loch gesetzt. Mit dem Messer nacharbeiten, Reste heraustrennen und verschleifen. Der Tanzboden passt genau und wurde mit Sekundenkleber eingeklebt. Das Ganze braucht noch Strom, und

Details des Buffets

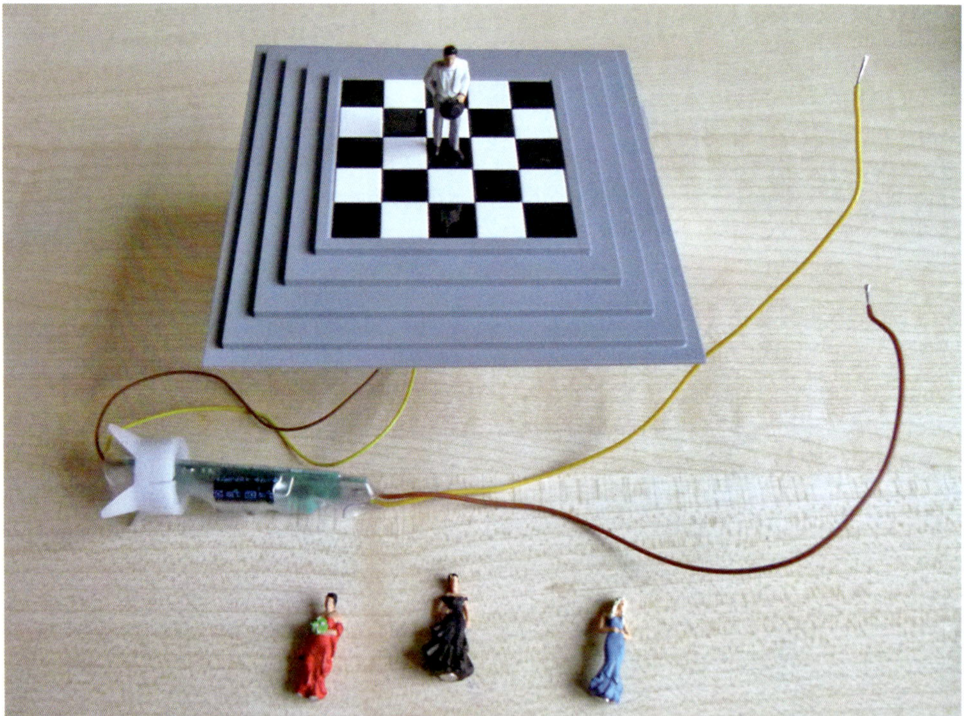

Dieser Tanzboden der Firma Viessmann soll für Bewegung an Bord sorgen

In das Deck wird ein Loch eingearbeitet

Tanzboden und Band werden auf dem Sonnendeck installiert

einen verdeckten Schalter. Mit 12 Volt funktioniert das nicht, so suche ich eine Batteriehalterung für insgesamt zehn Mignon-AA-1,5-V-Zellen, also 15 Volt und schon beginnt das Tanzvergnügen! Ohne Musik kein Tanz, also fehlt die Band. Ich finde Sie bei der Firma Noch. Sängerin, Keyboarder, zwei Gitarristen, Schlagzeuger im Hintergrund und dann geht es endlich los. Gesteuert wird die *Hanseatic* problemlos mit einer 6-Kanal-2,4-GHz-Fernsteuerung der Firma Conrad. Den Antriebsmotor regelt ein altbewährter und zuverlässiger 120er Rohkraft-Fahrtregler von robbe. Die Beleuchtung schalte ich über versteckte Kippschalter an Deck. Die Rauchgeneratoren steuere ich über einen alten Servoaufsatzschalter. Beim Ablegen ertönt der Original „Hanseatic Marsch" inklusive Nebelhorn, über einen im Oberdeck montierten Lautsprecher mit 3,5-Watt-Verstärker. Abgespielt wurde zuerst von einem DVD-Player

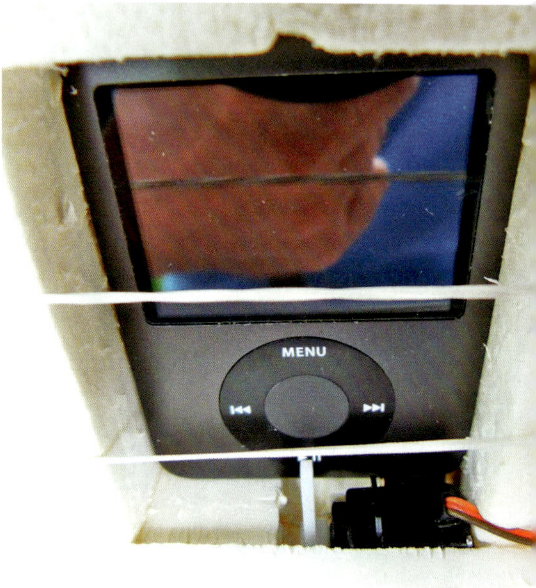


**Mit einem MP3-Player wird der Hanseatic-Marsch beim Ablegen gespielt**

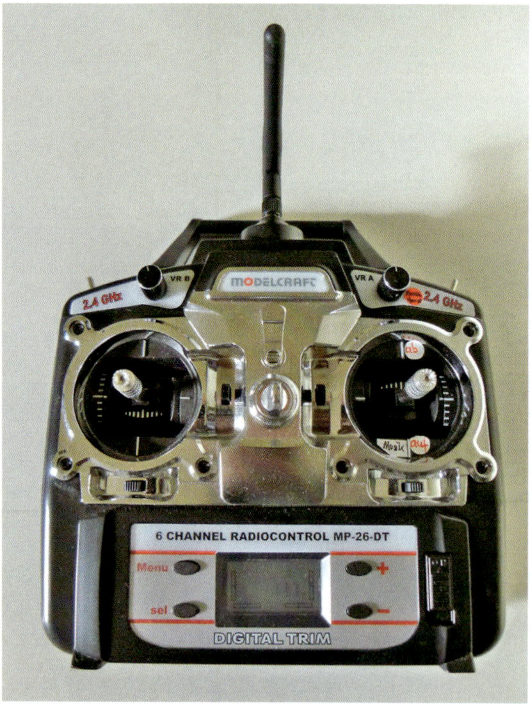


**Die Fernsteuerung des Modells**

mit SD-Kartenleser und Fernbedienung. Vorteil: auch ohne Steuerung abzuspielen. Nachteil: Geringe Reichweite der Fernbedienung. Verbessert habe ich das durch den Ausbau und Verlängerung der Infrarotlinse des Players mit einem Kabel in eines der Fenster im Aufbau. (Auf was für Ideen Modellbauer so kommen …) Die Möglichkeit des Abspielens mit einem MP3-Player über die Fernsteuerung ist doch besser, einfacher, und inzwischen auch ausgeführt. Das geht folgender Maßen: Der alte, von meinem Sohn ausrangierte iPod wird so zusammen mit einem Miniservo in eine geschnittene Styrodurhalterung (geschlossen poriger Hartschaum, Platten gibt es im Baumarkt) gesteckt, dass man diesen mit dem Servoarm durch Drücken ein und ausschalten kann. Es funktioniert tatsächlich. Zu guter Letzt wurde ein Tisch zur Präsentation meines Modells gebaut. Ein Kieferholzbrett (40× 215 cm) und vier Beine mit Rollen darunter – schon hat meine *Hanseatic* den adäquaten Platz im zum Glück recht gro-

Das Modell auf seinem eigens angefertigten Tisch

Auswiegen des Modells im angeschafften Swimmingpool

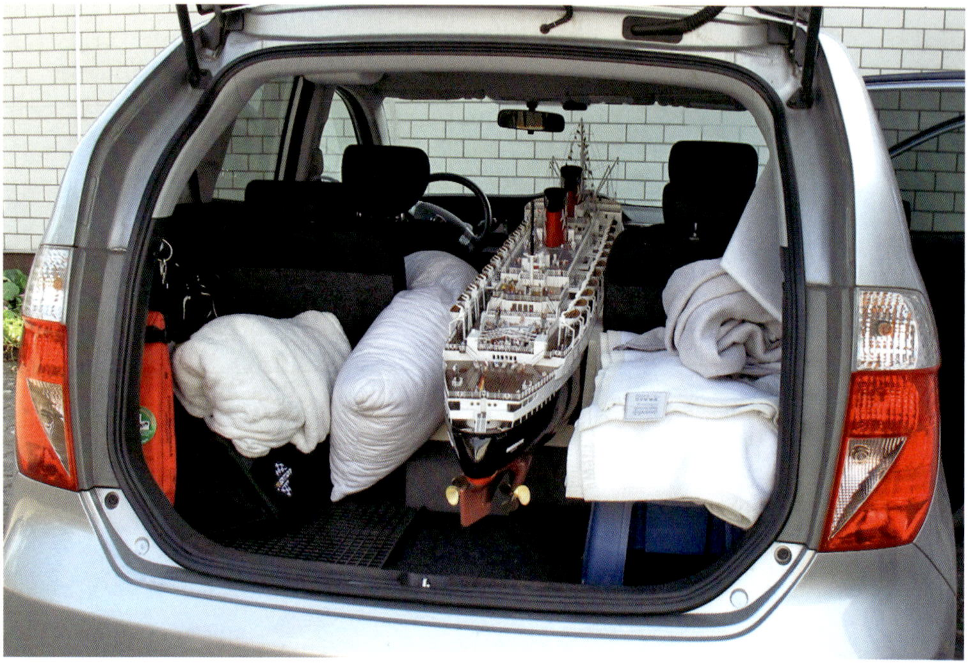

Gut gepolstert gelangt das Modell an den See

Der Transport ist nur mit Hilfe von Modellbaukollegen möglich

Erst wenn das Modell im Wasser ist, werden die schweren Akkus eingesetzt

Das Deck wird aufgesetzt

ßen Wohnzimmer bei den anderen Schiffsmodellen gefunden! Bevor die erste Ausfahrt stattfindet, muss das Modell natürlich exakt ausgewogen werden. Dafür wird ein Swimmingpool angeschafft und im Garten aufgestellt. So habe ich Zeit und Ruhe alles genau einzustellen. Das Gesamtgewicht meines „Schmuckstücks" beträgt dann immerhin stolze 30,33 kg.

Zur Jungfernfahrt an das Modellgewässer wird im Auto alles gut gepolstert, die dicke Schaumstoffunterlage unter dem Rumpf fängt eventuelle Stöße beim Transport auf. So hat meine *Hanseatic* auch die erste Reise nach Hamburg ohne Schaden überstanden! Die schweren Akkus werden erst, wenn sich das Modell im Wasser befindet, im Rumpf platziert. Dank der Hilfe von den anderen Kapitänen am See geht alles gut. Das abnehmbare Deck wird aufgelegt, noch die Takelage eingehängt, dann endlich dampft meine *Hanseatic* los!
Trotz größerem Aufwand beim Transport und Betrieb werde ich bei diesem seltenen und schönen Modellschiff immer durch staunende Blicke und Kommentare am Modellsee entschädigt, und so möchte ich mit diesem Buch auch dazu beitragen, dass dieser außergewöhnliche deutsche Kreuzfahrtliner nicht in Vergessenheit gerät, und lebendig bei allen Schiffsliebhabern, und Modellbauern in Erinnerung bleibt.

Besonderer Dank gilt Heidi Jorek und dem Borddrucker Jochen Beth, welche mit zur Entstehung dieses Buches beigetragen haben sowie meinem Modellbaufreund Wolfgang Möll, der das Steuer der *Hanseatic* bei den Fotoaufnahmen am See sicher führte.

Technische Daten Modell ***TS Hanseatic***

| | |
|---|---|
| Maßstab | 1:100 |
| Länge | 205 cm |
| Breite | 25,5 cm |
| Gewicht | 30,33 kg voll ausgestattet |
| Tiefgang | 9 cm |
| Antrieb | Decaperm 6-V-Elektromotor über Getriebe auf zwei Messing schrauben mit je 6 cm Durchmesser |
| Fahrtregler | robbe rokraft 120 max. 25 Ampere |
| Fernsteuerung | Conrad 2,4 Gigahertz, sechs Kanal |
| Ruder | vergrößert, über Standardservo angesteuert |
| Bugstrahlruder | robbe, zur Sicherheit beim Manövrieren |
| Rauchgenerator | zwei Stück von JoJo-Modellbau 8-24 Volt, 500 mAh mit Ventilator und Trockenlaufschutz, Betriebszeit ca. 20 Minuten |
| Beleuchtung | ca. 50 Glühbirnchen á 6 Volt/80 mAh |
| Stromversorgung | diverse 6- und 12-Volt-Blei-Gel-Akkus |
| Passagiere | ca. 300 – mit steigender Tendenz |

# Besondere Ideen rund um die *Hanseatic* – und andere Schiffe

Was lässt sich sonst noch so anstellen mit der *Hanseatic*, oder auch anderen Schiffen? Hier eine Auswahl meiner Ideen, der eigenen Fantasie sind selbstverständlich keine Grenzen gesetzt.

**Halskette mit Anhänger**

Ein schöner Anhänger mit dem Reedereilogo der DAL. Und so geht es: Man nehme einen Rest wasserfestes 8-mm Schichtsperrholz und säge ein gleichförmiges Sechseck. Gut verschleifen, dann mit Glattfix grundieren. Die feuerrote Lackierung erfolgt mit Humbrol Enamel Farbe Nr. 19 glänzend, mindestens zweimal. Dann ist etwas Feinarbeit gefragt. Aus einem weißen 0,3 mm dünnen Polystyrol-Rest schneide man mit dem Skalpell-Messer drei gleichgroße Pfeilspitzen und klebe diese mit Sekundenkleber vorsichtig auf. Ein letzter Anstrich erfolgt dann mit Bootslack. Zum Schluss noch eine Öse eingeschraubt. Ich verwende ein schwarzes Lederband mit Verschluss zum Einhängen.

**Eine *Hanseatic* aus ostindischem Palisanderholz**

Ich suche ein in Farbe und Maserung besonders schönes Holz. Nicht ganz so einfach, aber in meiner Traumstadt Hamburg werde ich fündig. Die Holzhandlung Cropp führt Edelhölzer in Ihrem Sortiment. Beim nächsten Hansestadt-Besuch nichts wie hin. Die zwei netten Herren sind sehr freundlich und kooperativ bei der Suche nach geeignetem Material und Reststücken. Besonders dekorativ finde ich das gemischte rötlich- und hell-gemaserte Palisander. Der Umriss wird mit Bleistift aufgezeichnet, dann sehr vorsichtig mit der Dekupier-, und Laubsäge ausgesägt. Gut Verschleifen, wieder mit dem guten Bootslack lackieren. Den 1. Anstrich verdünnen, drei unverdünnte folgen lassen, mit jeweils feinem Zwischenschliff. Jetzt kommt die Farbe des Holzes, Maserung, und Struktur erst recht zum Vorschein. Wenn man auf einer Seite zwei Rundmagnete einarbeitet, können die Schiffchen auch als Magnethalter für die Pinnwand benutzt werden.

**Ausstecher in Schiffsform**

Warum nicht einmal Schiffe als Ausstechformen habe ich mich gefragt, und das auch gleich umgesetzt. Ein Aluminiumblech 0,8 oder 1 mm dick wird mit einer Schere in 15 mm breite Streifen geschnitten und gerade gerichtet. Die Kanten werden mit feinem Schleifpapier bearbeitet, dann mit einer Flachzange so lange geknickt, und gebogen, bis man den kompletten Umriss einer entsprechenden Vorlage angefertigt hat. Die Enden zum Schluss an einer Ecke überlappend mit Epoxidharz verkleben – fertig! Vorsichtig ausstechen, da das Material weich ist. Rostfreier Edelstahl wäre natürlich besser, ist aber auf meine Art nicht zu bearbeiten. Vorlagen sind in Büchern, oder im Internet ausreichend zu finden, also los geht's und viel Spaß.

Die Hanseatic aus Palisander-Holz

So kann sogar eine kleine Flotte entstehen

**Eis Parfait *Hanseatic***

Nach einem Rezept vom Chefkoch Richard Becker von der *Hanseatic*, muss man diese Nachspeise genießen:

3 Eigelb + 120 g Zucker schaumig rühren. 250 ml Milch mit dem Inneren einer Vanillestange, 100 g zerbröselte Makronen (Amarettini), 50 g fein gehackten süßen Südseeingwer, 1 Gläschen Marillen Likör hinzufügen, 300 g geschlagene Sahne unterziehen, in eine große Form oder mehrere kleine Förmchen füllen, 2 Stunden gefrieren lassen. Mit Whiskey- oder Amarena-Kirschen servieren.

*Guten Appetit!*

Die Zutaten für das Eisparfait …

… und das fertige Ergebnis

## Chef-Koch Richard Becker schlägt ein festliches Menü vor:

**Kiangsu Homestedt Eier auf Königskrebssalat**
10 Hühnereier 10 Minuten kochen und kalt abschrecken, dann die Eier mit einem Löffel rundherum einschlagen. Die so vorbereiteten Eier in nachstehendem Fond kochen:
3 Liter Wasser, 50 g Zucker, 6 Nelken, 1 Lorbeerblatt, 1 Tasse Sojasauce, 5 g schwarzer Tee, etwas geriebene Muskatnuß, 1 Teelöffel Salz. Die Eier nach dem Kochen in dem Fond erkalten lassen, herausnehmen, waschen und auf dem Königskrebssalat anrichten. Mit frischer Petersilie garnieren. Man serviert frischen Toast, Butter und, nicht zu vergessen, Sherry dazu!

**Königskrebssalat**
Aus dem Krebsfleisch, das heute überall erhältlich ist, werden die feinen knorpelartigen Rippchen entfernt. Mit etwas Zitronensaft, ein paar Spritzern Worchestershire-Sauce und wenig Mayonnaise zu einem Salat anmachen. 5 Tomaten, kurz durch heißes Waser gezogen, dann geschält und in Streifen geschnitten, ebenfalls unter den vorbereiteten Salat mischen. (Nach einem alten chinesischen Rezept)

**Täubchen nach der schönen Winzerin**
Von 5 geputzten und gewaschenen jungen Tauben Köpfe und Füße abtrennen. Vom Rücken, durch einen Längsschnitt beginnend, die Tauben vollständig auslösen, d. h. von allen Knochen befreien. Vorsicht ist dabei geboten, denn die Haut soll nicht verletzt werden. Die so ausgelösten Tauben ausbreiten, leicht salzen und mit nachstehender Farce füllen:
250 g Kalbfleisch durch die feinste Scheibe drehen. 350 g abgezogene, halbierte und entkernte Trauben, mit etwas Majoran, einem Ei und etwas Salz vermischen. Die Tauben werden nach dem Füllen zusammengerollt und zugenäht, in einer Serviette nebeneinander gelegt und eingerollt. In Fleischbrühe 1/2 Stunde kochen und 1/2 Stunde ziehen lassen. Herausnehmen, die Fäden entfernen, in ein gebuttertes flaches Geschirr legen, und unter öfterem Begießen im Ofen gut bräunen lassen. Aus dem sich bildenden Bratensatz eine leichte Sauce bereiten.

**Gebackene Spargelstangen**
Frischen oder auch gekochten Spargel leicht salzen, erst in Mehl, dann in Ei und geriebener Semmel panieren. Kurz vor dem Servieren in Öl oder Schmalz recht knusperig ausbacken.

**Eisparfait „Hanseatic"**
3 Eigelb mit 120 g Zucker schaumig rühren. 1/4 Liter Milch, das Innere einer Vanillestange, 100 g zerbröckelte Makronen, 50 g gehackten süßen Ingwer und ein Gläschen Aprikosen-Likör hinzufügen. 300 g geschlagene Sahne unterziehen, in Formen füllen und im Tiefkühlfach 2 Stunden gefrieren lassen. Mit Whisky-Kirschen servieren.

**Ein komplettes *Hanseatic*-Menü zum Nachkochen (aus dem *Hanseatic*-Telegraf)**